U0030412

企業創生
台灣走新路

企業五大轉型突圍心法，
打造新護國群山

總主筆

台灣產業創生平台
黃日燦

推薦序
勇於改變，才能基業長青

李吉仁／台灣大學國際企業學系名譽教授
誠致教育基金會副董事長

　　企業若要追求永續，關鍵的挑戰在於確保能持續的獲利性成長（profitable growth）。隨著科技的快速演進，產業生命週期更迭速度加快，要能持續保持競爭優勢，勢必要在既有事業穩定之餘，同時探索未來發展機會，透過不同事業在獲利性與成長性的互補，才能建構出平衡性成長（balanced growth）的布局。然而，回顧台灣產業過去二十年的發展，雖然產業規模持續擴大，但價值創造卻未見同步成長。

　　根據《天下》雜誌五十大集團的調查，2000年台灣的五十大集團總營收約為4.8兆，資產總額約為10兆；二十年後，五十大集團的總營收成長了將近六倍（26.8兆），資產總額則成長了6.6倍（66.4兆），然而，不論是平均營收獲利率（8.3%降為4.9%）或是資產報酬率（5.7%降為2.7%）都折半，顯見企業既有的「成功方程式」或許還可以支持成長，但價值競爭力存在隱憂；積極轉型以提升企業價值，顯為產業發展的當務之急。

　　在此產業發展脈絡下，台灣產業創生平台不僅觀察到同樣

的隱憂，更積極推動產業能為「後天」的成長積極布局。本書係平台創辦人 ── 黃日燦律師 ── 彙整二十家台灣老牌與知名企業，在各自不同的產業環境挑戰下，以不同的成長模式，再創生機的歷程與心法。每個案例採取敘事（narrative）的形式，將公司的發展與成長背景、經營決策者的思考，以及轉型成長的模式與情節，精簡扼要呈現，最後再加上總結點評，提綱契領地提示讀者，該案例對產業創生的意涵。

綜觀本書的二十個案例，可以提供我們從策略、組織與人才等三個面向，反思企業轉型成長的多層面挑戰。

首先，企業欲有效轉型，首要在確定新的價值成長領域。多數企業會從既有核心事業出發，往上游發展技術與關鍵零組件，或往下游進入不同的應用領域或區位市場，也就是往「微笑曲線」的兩端移動。更為關鍵的決策在於，附加價值的提升需來自於四個S的改變，也就是從提供產品變成服務（service），從硬件為主變成軟體加值（software），從零組件供應商變成系統（system）甚至解決方案（solution）的提供者，最終，甚至可以擴大為平台（platform）與生態圈（ecosystem）的經營模式。

當然，為了要往更高的附加價值領域移動，企業必須思考採取內生（有機）或併購的方式成長。內生成長模式或許可降低擴張過程的風險，但往往較難有突破性創新，或較大跨距的

移動機會。併購成長雖可提高進入新市場的時效，但財務成本與併購後整合的風險卻不低。多數成功案例顯示，轉型不能只依賴一種成長模式，雙軌併行的成功機會應該較大。

其次，轉型也涉及新事業該如何發展的組織問題，尤其是如何與組織既有事業體共榮成長，會是看不見的組織挑戰。書中案例許多都是服膺雙軌轉型（dual transformation）的建議，也就是企業不僅需要建構新的成長引擎，也需要重新定位既有事業，讓企業猶如有雙引擎支持其持續成長。為了要支持雙軌轉型，如何善用公司創投（corporate venture）的機制，更是老字號傳產企業必須學習的功課。

最後，轉型成長必然需要有新的人力與能力的注入，如何讓擁有新技能與興業能力（entrepreneurial capabilities）的人才，能夠在大企業環境中找到可發揮的舞台，更是轉型成長執行面不可或缺的要素。台灣許多大型企業多在四、五十年前創立，現在正值新舊世代交棒之際，唯有將轉型與傳承同時規劃啟動，在明確創新與成長策略方向的導引下，新舊事業同心協力，方能讓企業的既有資產成為升級與創生的基石。

《禮記》有云：「苟日新，日日新，又日新」，企業永續需要能夠持續更新（continuous renewal），而也唯有勇於改變，方得以基業長青！

推薦序
企業轉型的四大難題與克服之道

劉揚偉／鴻海科技集團董事長

　　拜讀黃日燦先生關於產業創生之新書，對於產業創生的關鍵意涵，或可形容為「老幹新枝」，亦可用管理學的詞彙來說即是「雙軌轉型」。近年自我擔任鴻海董事長以來，致力推動鴻海集團轉型，看到他書中所提到的案例，從方方面面來看，都讓我深有同感，心有戚戚焉。

　　首先，轉型實際上的成功率其實是很低的，在企業轉型過程中所面臨的問題更是不勝枚舉。很多時候會有「做得多不如不做」的懷疑。例如，我時常和同仁說，轉型本身對企業來說就是一件矛盾的事情，要用現有事業所產生的主要現金流（Cash Cow）去支應新事業的資金需求，本身就存在資源錯置的狀況。

　　第二，轉型根本上存在了對「存量」和「增量」市場並存的經營挑戰，其本身在管理手法、風險控管，乃至於激勵制度上面都有所差異，更由於企業內慣性思惟和風險趨避性的緣故，轉型勢必需要引入新血，所以也必然會面臨外部人才與內部人才、新人與既有人才之間該如何取捨；以及該如何導向彼

此良性競爭與權衡考量拔擢不同人才而不失平衡之處。

第三，在轉型的過程中，企業除了要面對既有市場的競爭之外，也同時在進入新市場時，要與新市場中既有的競爭者或先進者，搶奪市場與競逐資源，這些競爭的疊加狀態，與內部資源的分配，將大幅增加轉型成功的困難。

第四，由於轉型的關係，其新舊領域間各自的價值網絡不同，更有可能讓轉型腳步遲滯而難以推進。我所指的價值網絡，明確地說是創新大師克里斯汀生（Clayton M. Christensen）《創新的兩難》（*The Innovator's Dilemma*）書中所說，既有的事業越成功，它的價值網絡越大，而在轉型新興事業中，很大程度上，又必須依賴既有的價值網絡。我們常看到企業在轉型時，舉步維艱，收效甚微，大部分其實是原有價值網絡與新價值網絡相衝突的緣故。要如何不讓原有的價值網絡與新事業的價值網絡背離，而互相牽制，又要同時順利產生綜效，這其實極具挑戰。所以，我認為談轉型，儘管我們都知道天下武功唯快不破，「速度」很重要，但更要注意轉型過程中，應該以小步快跑、更新迭代的方式，用小規模的試行，來取得局部戰役的勝利為開始，避免落入創新兩難的陷阱中。

基於上述的想法，讓我在發展鴻海3+3策略時，無論是電動車（EV）或是深耕既有的機器人（Robotics）事業，在策略上，我都選擇了以合資公司（Joint Venture）的方式和裕隆集

團成立了鴻華先進，以及與凌華科技成立了法博智能移動來分別從事鴻海集團中的電動車和機器人的布局。這其實與黃日燦先生書中所述：在精誠資訊案例中提及JAMAL的手法相似，那就是，以合資公司的方式去調和人才、制度，以及資源。更重要的是，去滿足客戶對新事業基於創新要素和不同成本結構的差異性的需求。

我認為轉型必須要以全局思考，更需要以人為本，逐步漸進。這也呼應了黃先生書中的案例，轉型要先由組織，以及組織中的成員開始，進而調整流程、優化流程與制定新的流程，最後才是導入系統。

試想我們要老幹新枝，甚或是枯木逢春，不也需要等待時機，要適宜的溫度、充足的雨水，以及休養後重獲養分的土壤配合，才能步步迎向新生，並進而開展下階段的欣欣向榮。這些要素，或可一言以蔽之，用因緣俱足來描述，而黃先生在本書中，更選擇了不同產業的案例，在不同的生命週期，不同的內部資源與外部挑戰下，細膩地描寫了其中的心法，再輔以各案例所採取相應之手法，實值得讀者細細品味。

我認為這本書不應該只是一本參考範例的集成，更應該是每一個有志創業，有心除了固守原有領域，進而跨入其他領域，並發揚光大者要細心研讀的一本書。本書不僅著墨於科技產業，而在其它不同的產業，例如醫療產業、傳統產業、房地

產業，乃至於娛樂產業等都多有描述，讀來興致盎然。黃先生對於書中案例精闢之見解，可對讀者帶來醍醐灌頂的影響，我也有幸提早拜讀，並讓我有所學習。

總主筆序
為什麼台灣產業需要創生？

黃日燦／台灣產業創生平台創辦人暨董事長

經過四十餘年的律師執業生涯，我見證過無數企業在不同階段的發展過程。一路走來，我心裡始終念茲在茲的課題就是：如何協助台灣企業轉型升級。

過去半個多世紀以來，台灣的企業家拎著一卡皮箱就能征戰全球，在製造業和科技領域都有很好的成就，而這些企業現在都是台灣經濟的中流砥柱，掌握最多資源與就業機會。但隨著產業西進與南進，我們「轉進」繼續追求成本優勢，卻沒「轉型」嘗試追求產業升級。在享受成本優勢的同時，我們也造就了強而有力的競爭對手，再加上新的科技持續發展、影響全球的政經變局越來越劇烈，種種因素驅使產業典範快速轉移。顯然，過去的成功方程式已不合時宜。

現在，台灣產業正處在「一樓半」的困境，上面有二樓以上的美日歐先進產業，一樓有新興國家的企業快速上升崛起，直接壓迫到一樓半的經營空間。當前方有難以跨過的路障，後方有步步進逼的猛獸，一不小心就會把路越走越窄，若我們依舊只想轉進卻不思轉型，最後恐將坐困愁城。此刻，企業不能

只專注於今日的營收，必須將目光放到未來的更上一層樓。

我認為，推動轉型要從成熟企業做起，只要每家成熟企業都能有很好的發展，就能持續帶動經濟成長。

產業管理者的視野、策略以及執行能力決定了經營的本質，只要大家願意調整思維，從「後天」的視角來思考「今天」的策略，勇於投資未來，台灣的經濟前景便可樂觀視之。我相信，如果我們能夠改變過去以成本優勢為主要競爭力的經營思維，那不管國際局勢與市場狀況如何變化，台灣都能擁有自己的一片天。

推動產業創生，一起讓好事發生

「推動台灣產業創生」是我的起心動念，為了達成這個目標，「台灣產業創生平台」應運而生。

「創生」說的正是「再創生機」，地方是如此，產業也是如此。台灣產業過去的發展很不錯，只要重新定位，就能再現風華。我們把「創生」的英文譯為Renaissance，有「重生復興」的意思，代表現在正是台灣產業再出發的時機；而「平台」代表的是開放的場域與串連者的角色，我們希望能集結眾人之力，發揮「成功不必在我」的精神，一起讓好事發生。

台灣產業創生平台持續透過訪談和企業互動，碰到做得不夠的，希望他繼續努力；碰到做得不錯的，我們不只記錄下

來，還要一一剖析、細細拆解，將這些站在第一線運籌者的智慧淬鍊出來，讓其他想要跟進的人可以學習，然後去思考自己應該怎麼做。

我相信，先行者的挫折與成就都能轉化為後進者成長的養分，帶動大家一起大步向前。

向台灣企業取經，與夥伴攜手共進

過去許多企業在思考轉型的時候，常常會向國外的企業取經，直接把人家的方法照抄過來，但結果往往都是東做一點、西做一點。這種只有「方法」卻欠缺「思維」及「脈絡」的做法，僅是「技術」的橫向移植，所以很難成功。

《企業創生‧台灣走新路：企業五大轉型突圍心法，打造新護國群山》收錄了台灣產業創生平台團隊訪談過的其中二十家台灣企業，是為台灣企業量身打造的轉型思維課，也希望能成為台灣企業永續經營的借鏡。

在我們向企業取經的過程中，我認識到很多很棒的台灣企業，也發現其實在我們的土地上遍布著或大或小的火種，若能相互連結，學會打群架來共享資源，就有機會在全球賽局中脫穎而出，例如「母雞帶小雞」的佳世達聯合艦隊和「越聯越大」的大聯大都是很好的例子。

除了併購成長與強強聯手之外，從本業發展創新，並與

外部好手共同合作、借力使力，也是驅動企業永續發展引擎的方式之一，像是擴大本業定義的正美集團、透過新創投資打開經營觸角的大亞集團，以及讓老創與新創攜手並進的台灣大哥大。除此之外，持續在經營過程中調整產業定位，也能從內部孵化出有機成長的強勁動能，例如巨大機械工業。

經營企業並非易事，若能看到侷限、適時放手，然後轉個方向，也能另闢蹊徑，就像在原有產業之發展性面臨到限制的環球水泥。當然，再多的經營策略最終都應回歸到企業經營的核心價值，若能從本心出發，無論遭逢何種挑戰都能擁有突破重圍的底氣，讓企業的發展維持正軌，讓成長的動力源源不絕，如同信義房屋。

「創生觀點」深度剖析策略思維

本書收錄的企業個案都非常精彩，各有千秋，在此先不一一詳述。其實，我們訪談的企業不只這二十家，也都極富參考價值，希望日後能向大家介紹。我要特別感謝每一家接受我們訪談的企業，每一位在崗位上勤懇耕耘的經營者都是帶動台灣產業成長的領頭羊，也是台灣邁向永續發展的動力引擎！

推動轉型可說是一條無盡之途，也很難定義其終極目標。為此，我在「創生觀點」中，試著為讀者們梳理出每一家企業經營者的經營思維與轉型策略，也嘗試從戰略視角去剖析各個

企業未來可能的發展空間，個人才疏學淺，希望能拋磚引玉，激發更多腦力激盪，也期待與您碰撞出不同的火花。

我殷切地期盼台灣企業能找回以往勇於挑戰的精神，並且將眼光放遠，前瞻未來。在這個全球政經局勢詭譎多變的動盪時刻，我們大家更應多加關注產業本身以外的大環境、大生態和大趨勢，才能更精準地掌握「看不懂的東西」與「不確定的情況」，加速轉型創新、超前部署，用寬大開闊的格局和視野去擘劃未來的成長曲線，為台灣經濟帶來突破性的發展，共創下一個美好新時代！

第1部　帶領企業逆境求生

第2部　改變客戶關係

第3部　擴大產業生態圈

第4部　改寫產業定義

第5部　改變商業模式

第 **1** 部

帶領企業逆境求生

面對強敵環伺，自己卻滿手爛牌，如何善用創新突圍策略，另闢蹊徑，最後逆轉勝、開拓新局？

第 1 章

佳世達集團——組建企業夥伴的聯合艦隊

串連在地隱形冠軍
從特助軍團培養台灣隊長

　　走進佳世達的廁所及公共區域，牆上可以看到許多國外成功的創業故事與創新商業模式，充滿新創氛圍。讓人不容易聯想到，這是一家已成立三十七年的公司。

　　新，來自於企業徹底的改造。

　　從2014年開始，董事長暨執行長陳其宏徹底轉變佳世達（前身為明碁電腦，後改名為明基電通）的體質與文化，將併購視為公司發展的常態，每年訂下投資的新公司營收成長40%

佳世達集團小檔案

經營團隊：董事長暨執行長陳其宏
成立時間：1984年
資 本 額：196.7億元
營收比重：資通訊產品（60%）、網路通訊產品（13%）、智慧方案
　　　　　　（12%）、醫療產品（7%）、其他（8%）

近五年營收與EPS

的目標，逐步成立橫跨資通訊科技、醫療、智慧解決方案以及網通在內的聯合艦隊。2021年連續第四年改寫營收新高，預期2022年的營收將有一半來自於毛利率20%至30%的高附加價值產品。

這是一個令人驚訝、幾近死裡復生的企業案例。

佳世達曾在2005年因併購西門子（Siemens）行動通信部門失利，當年慘賠新台幣300多億元，隨後被迫出售諸多轉投資事業及資產，並大幅減資，幾乎被判了「死刑」，很少人相信它有機會鹹魚翻身。但幾年後，佳世達竟「復活」了，這家口袋不深、才剛走出營運低潮的企業，如何將有限的資源精準花在刀口上，又如何在短短七年內開枝散葉，吸引約七十家企業夥伴加入聯盟呢？

明基三豐經驗促成聯合艦隊

組成聯合戰隊，是讓佳世達翻身的關鍵新模式。而這個模式的源頭，陳其宏直指，正來自於明基三豐。

2014年從明基總經理接任佳世達總經理的陳其宏，由於參與明基三豐的成功經驗，讓他發現過去電子業什麼都自己做的模式並不適用於每個產業，反倒是從外部找資源有機會快速壯大自己。因為當時集團亟需轉型，加上明基三豐的後續效益超乎預期，讓他有了「聯合艦隊」的發展藍圖。

　　明基三豐是佳世達在2010年4月的轉投資案，但在此之前，因明基已投資南京明基醫院與蘇州明基醫院，原本就有上下游資源整合的需求。專注在手術室解決方案的明基三豐（原名三豐醫療器材）在陳其宏主導下啟動轉型任務，第一年業績即成長三成，後來佳世達逐步發展成兼具醫療器材、耗材、口腔、聽力、血液透析、醫美產品和醫療服務的醫療事業集團，成為台灣電子業跨足醫療產業經典的成功範例。

　　「台灣科技廠商很習慣先開發技術做產品，最後再去找市場。但每個產業的價值鏈不同，例如對醫療產業而言，先完成產品認證、取得通路及客戶群更重要，」陳其宏深度涉入醫療產業經營之後，發現其平均毛利率達31.5%，遠高於一般科技產業。

　　不過，台灣醫療產業雖然毛利高，但規模明顯不足，前一千大公司平均每家年營收僅有新台幣1億多元，與大陸動輒500億、1,000億，以及歐美大廠幾千億元的規模相較，實在是小巫見大巫。陳其宏從醫療產業看見台灣產業的危機，深覺不能再小打小鬧，企業一定要聯手來打世界盃，希望透過佳世達的集團資源與策略投資，攜手上市櫃企業與隱形冠軍，打造成世界級的台灣跨產業聯合艦隊。

善用品牌思維走在市場與客戶前頭

明基三豐的啟示之外，品牌思維是陳其宏逆境突圍的另一個關鍵優勢。

佳世達在經歷併購西門子行動通信事業慘賠的震撼教育後，明基品牌的全球夢也跟著瓦解，從一個全產品線的消費性科技品牌，重新收斂到智慧顯示器和投影機等利基產品，同時也將事業主體從自有品牌回歸到設計製造服務（Design and Manufacturing Service, DMS）。

2014年，佳世達重新出發，陳其宏深知要擺脫過去電子產業產品代工的思維，必須善用品牌經營貼近消費者與定義產品的能力，去尋找利基點。他分析，經營品牌最困難的在於找到未能滿足的市場需求，讓消費者願意掏出腰包。品牌經營必須透過RSTP（Research, Segmentation, Targeting, Positioning）法則，從前期調研、市場區隔、鎖定目標市場，最後才能確立品牌定位，這對經營代工的企業來說也很重要。

在開發每個品牌與產品前，必須先找到自己的市場區隔，例如裕隆開發出國產車的頂級品牌Cefiro，以超高性價比創造銷售高峰；長榮航空也是透過深度的消費者洞察，發現乘客對餐點沒有更高要求，而是需要更大的空間，因此開發出廣受青睞的豪華經濟艙。「如果切不出適當的區隔，往往很難在市場上締造佳績，」陳其宏說。

除了市場區隔，消費者體驗也很重要。例如在開發電競產品時，佳世達會找來世界冠軍討論使用經驗；在開發鋼琴桌燈時，也會邀請鋼琴師來做焦點訪談，好釐清使用者需求。而這些都是代工業者較不熟悉的關鍵。

從品牌思維出發，發展代工事業就能先市場與客戶而行。陳其宏鎖定六個智慧場域，包括智慧醫療、智慧製造、智慧校園、智慧零售、智慧飯店和智慧企業，希望打造出結合軟硬體與人工智慧物聯網（下稱AIoT）的解決方案。這類解決方案很適合大公司來做，因為客戶會擔心小公司無法永續經營，甚至導致應用方案無法升級而變成孤兒，因此都是由佳世達承接需求之後，再與其他單位合作，與成大醫院合作的智慧醫療解決方案即為一例。

佳世達在智慧製造領域也有不錯進展，位於桃園的工廠已成為重要的示範場域。陳其宏指出，一條產線原本需要二十人，但現在只需要十一支機械手臂配合九位員工即可。此外，透過細胞式生產（Cell Production）工站的處理設計，還能讓一個多功能機器人負責三站工序任務，甚至可以加上自動導引車（Automated Guided Vehicle, AGV，或稱無人搬運車）變身移動機器人，隨時可以移動來生產少量多樣的產品。

擬定標準投資流程，開放集團資源

於是，醫療事業、智慧解決方案以及明基原本就擅長的關鍵零組件（以網通產業為代表），就成為佳世達的三大新興成長領域，與本業構成強勁的四條腿。在啟動大聯盟與大艦隊的轉型大計後，佳世達每年都準備最高達50億元的額度，針對新興領域啟動投資併購，藉以逐步擴大艦隊的規模與競爭力。

「我們資源有限，必須非常精準，才能發揮最大價值，因此每一個投資都是策略投資，不做財務投資，」陳其宏強調，只要是加入戰隊的盟友，佳世達都會掏心掏肺、開誠布公，開放集團所有資源，「我們會盤點盟友缺乏的資源，然後設法補齊，激發他們的潛能，才能快速成長。」

企業投資已成為佳世達的日常營運模式，因此在過去七年內，建立出了一套投資準則與SOP——先根據鎖定的新事業領域列出雷達圖，看看台灣在上、中、下游到底有哪些廠家，篩選掉不適合或不賺錢的公司，接著就一家一家去談，如果認同佳世達的理念及後續合作效益，佳世達就會先提供小額投資，協助優化營運績效，在對方展現價值後，再進一步擴大持股與合作關係，最後吸納為集團成員。

陳其宏也分享了佳世達的併購投資原則，首先是虧錢的公司不投；其次是賺得不夠多的不投，必須在收購價格分攤（Purchase Price Allocation, PPA）後有獲利，亦即溢價金額扣除

無形資產或商譽價值為正數才會列入評估；第三是財務報表必須夠健康，總負債比例不會太高，而且有足夠現金可以再併購其他公司。

招募內外人才，特助群如「將官養成班」

　　為了提高併購的成功率，佳世達讓產品事業群在一開始就參與，由於每個產品事業群每年都有營收成長40%、每兩年倍增的壓力，因此對於可以貢獻營收與獲利的潛在投資標的，一般來說都會張開雙手擁抱，扮演白臉的角色；另外再由投資長與財務長當黑臉，搭配外部的法律事務所和會計事務所來稽核把關；而陳其宏則扮演中間人，負責跨部門協調與資源總調度，並參考產品事業群、人資、法務、財務、投資、資訊、稽核和風控等部門的專業意見，決定是否成案。

　　比較特別的是，在投資評估的程序中，陳其宏身邊有一群扮演關鍵角色的特助。陳其宏從集團內部與外部找來資深人才，提供投資併購相關的專業訓練，使他們成為投資團隊的一員，每位特助在一年內至少要有一個成功的投資案。

　　從評估階段發展雷達圖開始，特助就是重要的參與者，選定投資標的後也會跟著談判，一旦確認交易後，陳其宏就會選任適合的特助，代表公司前往夥伴企業擔任經營管理的要職，至少為營運長起跳，甚至是擔任總經理或董事長。

特助群不僅是投資幕僚單位，更是將官養成班。

由於佳世達的投資併購活動相當活躍，陳其宏通常維持數人到十多人的特助群，且持續徵才。陳其宏解釋，設置特助群有兩個好處，首先是特助不隸屬於特定部門，要派任為高階主管時較有彈性，不會因為部門不願意放人而卡關；其次，特助從頭到尾參與投資評估，對投資標的有較多瞭解，派任後可以增加溝通順暢與互信程度。

另一方面，佳世達集團已有三萬三千位員工，其中擁有二十至三十年工作經驗者為主力，中高階人才不虞匱乏，特助群形同一個平台，讓他們得以到外頭歷練，促進組織與人才的流動，累積已有數十位特助被派任到集團投資的公司。

陳其宏透露，雖然許多人一開始都沒有把握，但集團仍會傾龐大資源支持，「不會讓你當孤兒，」即便還是有少數人外派後水土不服，但還是可以交付新的任務，讓他們重新肯定自己的價值。

邁向投資2.0，加碼布局新創

過去佳世達在投資0.0階段，主要是從財務投資的眼光挑選新創事業，重點放在投資報酬率；從2014年進入投資1.0階段後，主要鎖定與集團轉型有關的策略投資，除了優化現有事業之外，也著重在布局醫療產業、解決方案、5G與網通等新

事業，主要重點放在營收規模。

2020年開始進入投資2.0階段，佳世達針對未來三至五年的產業發展方向，透過投資新創基金或組合基金，與大學或產業加速器合作，以直接或共同投資的方式，計劃參與新創公司早期A輪或B輪的投資，涵蓋AIoT、大數據、機器人、先進駕駛輔助系統（Advanced Driver Assistance Systems, ADAS）、機密機械、高階醫材與商業軟體等領域，觸角也將延伸到美國矽谷和以色列。

陳其宏坦言，許多新創團隊雖有創意與技術，但在製造與銷售端比較缺乏經驗，佳世達擁有上千人的研發團隊，又有高品質的量產能力，可協助許多新創公司，像是對醫療新創就能提供取證、量產及銷售等協助。儘管投資新創只有10%的成功率，但佳世達與台杉投資等創投專業組織合作，希望能夠借力使力、提高成功率，挖掘藏在新創圈的獨角獸，同時也期待能夠改善台灣新創投資環境，串連新創圈與台灣產業鏈。

整合效益發酵，吸引各方豪傑

現在投資併購對佳世達來說，已經駕輕就熟，許多公司都主動接觸佳世達，積極爭取合作機會，但幾年前剛啟動併購策略時，往往要花不少時間溝通談判與建立互信，主要是還沒有建立實績，最後必須靠陳其宏親自出馬，靠著誠意與承諾打動

對方。

　　陳其宏舉例說，「有次我們跟一家二十到三十年的公司談了一年半，最後一次會議時，他們董事長拒絕了二十二次，但我還是鍥而不捨，我強調我們會採取加法而非減法，一定會保障所有員工的工作權，而且可以為雙方帶來綜效，最終才拍版定案。」

　　現在，隨著整合效益陸續展現，佳世達的聯合艦隊日漸茁壯，各方英雄豪傑都會主動上門，角色也主客易位。

　　最早讓大聯盟大艦隊策略在業界做出口碑的，應屬友通收購案。佳世達看好友通在工業電腦板卡的技術優勢，一開始先投資其8.7%股份，後來指派高階主管協助管理，展現可觀的經營成效，股價從30元漲到65元後，2017年公開收購到70%股權正式入主，隔年營收就從37億元成長到53.2億元，年成長率超過四成，2021年營收更可望突破100億元大關。

　　佳世達究竟做了哪些改革，讓友通突破三十多年來的營收天花板、進而一飛沖天？陳其宏表示，友通原有主力產品是工業電腦主機板，「我們協助他們跨足系統產品，系統產品比重一下從10%提高到50%，出貨售價提高自然帶動整體營收的成長，而系統製造原本就是佳世達的強項，由我們負責製造，這就是『大艦隊』效果。」

　　佳世達整合友通的效益還不僅如此，其透過友通展開併

購，2019年分別入主工業電腦資安業者其陽及機電自動化設備代理商羅昇，友通次艦隊儼然成型。

次艦隊成型，擬組兩百至三百艘戰隊

另一方面，以明泰為次艦隊的網通事業也蓄勢待發。佳世達在2018年投資原屬友訊集團的明泰，最早持有18.37%股權，後來又持續公開收購到六成以上，明泰也在2020年正式納入佳世達集團。明泰以既有的網通設備、無線寬頻、行動與衛星通訊產品為基礎，積極衝刺5G市場，與佳世達發展的垂直解決方案相互搭配，搶攻智慧醫療、智慧工廠及智慧建築等市場，2020年合併營收以321.71億元創下歷史新高。

與友通的模式類似，佳世達也透過明泰轉投資仲琦，透過認購私募及公開收購取得六成股權，加入仲琦的有線寬頻技術與越南廠產能，同時也取得仲琦轉投資的系統整合公司之經營權，等於建立了一支年營收規模達300億元的網通艦隊。

目前友通與明泰已是中型艦隊，年營收都有數百億元的規模，聚碩則被看好是下一個，2021年以來已經入股典通及安得數治兩家公司。其中典通專門開發輿情決策大數據分析服務，同時也投入智慧健康市調及AI精準醫療，安得數治則提供董事會的數位治理工具。

陳其宏強調，佳世達希望可以組成大大小小、可快可慢的

各式艦隊，達到兩百至三百艘的規模，快速有效地串連台灣的
隱形冠軍，由佳世達提供集團資源予以支持，共謀價值轉型，
創造互惠多贏的局面。「這不僅是佳世達的轉型，也是台灣產
業的轉型！」他說。（文／沈勤譽）

創生觀點 ························· 總主筆／黃日燦

1. 佳世達在2005年因併購西門子手機部門慘遭滑鐵盧後，沉潛數年「度小月」過日子。2014年陳其宏挺身而出接下經營大任後，徹底翻轉集團的企業文化和策略思維，積極但不躁進，透過併購追求高附加價值、高毛利率的營收，逐步建立橫跨資通訊、醫療、網通及智慧解決方案等領域的大聯盟。佳世達浴火重生逆轉勝的精彩過程，是鹹魚翻身的經典案例，值得大家仔細檢視。

2. 佳世達創生的成功關鍵，在於它靈活運用「聯合艦隊」的策略模式。有鑑於台灣企業規模大都偏小，在國際市場競逐爭戰時經常底氣不足，佳世達就選定一些本質優良但面臨成長困境的隱形冠軍，透過集團策略入股和資源挹注，協助他們魚躍龍門突破經營難關，打造成以佳世達為主力支援的世界級跨產業聯合艦隊，互補長短，共利多贏。

3. 佳世達「聯合艦隊」模式乍看順理成章，但其成功絕非理所當然。首先，是要看準具有足夠成長性的產業，並挑對經營體質夠好的企業。否則，未蒙其利，先受其害。其次，是要精準聚焦善用集團資源。佳世達並非萬能，也無法凡事越俎代庖，所以資源要挹注在刀口上，譬如佳世達的量產製造、技術研發、品牌銷售等優勢，可能就是艦隊成員所最欠缺的協助。其三，是要慎選人才賦能當責。無

論是在前期評估投資，或是後期參與經營，佳世達從集團內外招募資深人才組成的「特助群」，既是參贊機要的幕僚，也是衝鋒陷陣的將士。這支特助兵團，具有高度彈性，而且戰力十足，是佳世達這幾年併購投資能夠快速成功推展的無名英雄。

4. 佳世達帶頭推動聯合艦隊，串連台灣各產業隱形冠軍，「老創加新創」打群架的營運模式，不只是佳世達的轉型，更是台灣產業的轉型。主其事者陳其宏前瞻未來的視野、「有容乃大」的氣度，和勇於授權的領導風格，功不可沒。

第 2 章

敏盛醫療體系——從小醫院到大健康產業生態圈

從夾縫切換賽道
靈活策略突破產業框架

　　成立近半個世紀的桃園敏盛醫院為什麼被史丹佛大學
（Stanford University）列入「最適合新興市場醫療產業發展」
的個案研究？在台灣四百多家私立醫院裡，這家區域中小型醫
院為何會被視為具有代表性的企業個案？不受限、破格而出的
轉型策略是敏盛的致勝關鍵。

　　過去這十年，敏盛醫院的速度快、眼光精準，從規劃股票

盛弘醫藥小檔案 *

經營團隊：董事長楊弘仁、總經理劉慶文
成立時間：1975年
資 本 額：10.8億元
營收比重：藥品、醫材與科技材料供應（84.44%）、健康及醫療管理
　　　　　　（11.34%）、設備租賃（2.22%）

近五年營收與EPS

＊「盛弘醫藥」為敏盛醫療體系執行長楊弘仁於2003年成立的醫療後勤服務公司，並於2011年上櫃掛牌。後文將詳述敏盛由單一醫院發展為健康產業生態圈之歷程，以及盛弘在集團中所扮演的角色。

上櫃到發動每年一併購，成為年營收超過60億元的醫療體系，而其中有一半營業額來自於醫院以外的事業，版圖橫跨醫院、健檢中心、醫藥通路與醫療資訊系統商（Healthcare Information System）。

「這一切都是被逼的，因為你不往上走就會被淘汰，」頂著一頭染金頭髮、講話表情豐富的敏盛醫療體系執行長楊弘仁提高語調說，看似靈活的轉型策略是困境求活的不得不。

一切要從2002年實施健保總額支付制度說起，由於這個制度，楊弘仁形容，醫院必須「努力控制自己不能成長，因為做越多，虧越多。」敏盛醫院在2001年的營業額是12億，在2005年發展出四家地區型醫院之後，營收已達26億；但是2021年的營業額卻僅有31億，也就是說，在法規的限制下，十六年來敏盛醫院的營收只增加5億元，成長率還不到兩成。

也因為這個制度，逼出了楊弘仁口中的「往上走」策略。敏盛醫院經歷過三次重大抉擇點，靠著靈活的轉型策略，突破了地區型醫院的發展天塹，在十年內開創出一倍的非醫院營收來源。

夾縫中找路，目標成為大型醫院

1975年，台大醫院醫師楊敏盛回到桃園成立了楊敏盛外科醫院，在眾多診所之間，敏盛鶴立雞群，立即成為桃園民眾看

病的重要醫院。三年後台塑集團的林口長庚醫院開幕，但由於當時長庚也才剛起步，對敏盛的壓力還不算大，於是敏盛抓緊了小診所與大醫院之間的市場空白地帶，醫院的經營規模快速發展。短短六年內，成長為一百二十床的敏盛綜合醫院。

1970至1990年，正好是全台醫院蓬勃成長的二十年，一路從三百家醫院大幅成長超過九百家。但是1995年3月全民健康保險制度開始實施，瞬間翻轉了診所與醫院的市場生態，造成醫院大者恆大、小診所成群的M型化趨勢。影響所及，大型醫院朝向集團化發展，小型地區醫院則只能選擇利基市場或是關閉，不上不下的中型醫院也面臨到生存之戰。

尤其當時擁有三百多床的敏盛醫院更是腹背受敵，往北不到半小時車程內有長庚這位醫院巨人搶奪「客源」，往南十多分鐘車程內又有政府的部立桃園醫院與之競爭。

當時，敏盛也希望朝向大型醫院發展。醫生開醫院時，總會懷有一個做強做大的宏遠志向，楊敏盛也懷抱了這樣的夢想，1998年拍板決定斥資35億元打造六百床的桃園經國院區，希望成為桃園地區的大型醫院。2001年，地面二十二層、地下七層的經國院區大樓落成啟用，在車水馬龍的經國路上，立即成為最引人注目的地標。

賣樓找新路，突破舊瓶新酒困境

沒想到楊敏盛的大醫院夢想，卻遭遇到2003年嚴重急性呼吸道症候群（SARS）肆虐亞洲，和平醫院封院，連台大醫院都差點淪陷，使得民眾視到醫院看病為畏途，醫院不分大小哀鴻遍野，對於才經營兩年的敏盛醫院經國院區更是造成極大衝擊。剛回國幫助父親的楊弘仁立即就遇到這個棘手狀況，「剛蓋好的新醫院資金缺口持續擴大，」他說，六百床的醫院每天開門就要燒掉很多錢，卻盼不到民眾來看病，經國院區的收入瞬間銳減。

當年三十五歲的楊弘仁大膽提出「賣掉經國院區，售後回租」的想法，馬上引爆家族、醫院主管的激烈反對，連桃園醫療界都傳言敏盛經營不下去了。所幸，楊弘仁最後還是說服了父親與醫院經營團隊，以30億元賣掉經國院區大樓，然後回租經營醫院。

敏盛拿回30億元資金，紓解資金流壓力後，這一筆資金，用於布局未來事業。

新瓶裝舊酒，是敏盛當時的狀況，楊弘仁發現，雖然敏盛擁有經國院區全新的醫療設備與大樓，但在桃園民眾內心裡，敏盛依然是一間只能看小病的小醫院形象，大部分人寧願多花半小時車程到林口長庚醫院看病。

要如何扭轉敏盛的小醫院形象，並且建立專業醫療品牌，

成為敏盛經營團隊必須突破的困境與最重要的任務。

首先，楊弘仁決定帶領敏盛挑戰急重症裡專業度最高的心血管科，因為「心臟與心血管治療的技術層次很高，會拉動其他科別的醫療水準」。2005年，他努力說服父親楊敏盛「退位」，請來台大醫院前院長、心臟內科權威李源德擔任敏盛醫療體系總裁，同步重金禮聘五十位台大醫師、引進葉克膜（ECMO）技術，快速拉抬敏盛的形象與醫療專業。

2007年，敏盛心臟中心的心導管等手術的心血管介入性治療破一萬例，建立起可以做急重症治療的專業形象，「希望成為桃園的『台大醫院』，」他指出敏盛的新定位。

五年內，很敢衝刺的楊弘仁一邊透過售後回租，解決資金問題，另一邊引進台大醫院頂尖團隊，提高醫療品質，大舉改造敏盛的經營體質。這只是練馬步，底氣俱足之後才能啟動下一個階段的快速發展。

集團企業化，扭開資本市場活水源頭

在這個階段，資金仍然是必須優先解決的問題。在台灣除了醫院之間搶奪「客源」的市場廝殺之外，楊弘仁形容，健保總額支付制度也形同醫院發展的緊箍咒，醫院做越多生意就虧越多，「只做醫院在台灣是沒有前途的，很難靠醫院達成自身的有機成長，」楊弘仁坦承地說。

　　留學時就研究過美國醫院發展模式的楊弘仁，決定帶領敏盛切換賽道，往集團企業化方向發展。但是想做的雖然多，卻囿於資金有限拉不大規模。

　　於是楊弘仁效法美國最大連鎖醫院營運商HCA Healthcare的發展模式。上市公司HCA Healthcare靠著併購等靈活策略模式，成為擁有超過一百八十六家醫院、兩千個護理場所與二十七萬名員工的超大型醫療集團，市值高達800億美元。

　　「醫院不只是醫院，必須往外延伸出更多事業體，」楊弘仁說，首先，要先打通對接資本市場的道路，而股票上市就是解方。在台灣法規限制下醫院不可上市上櫃，但是敏盛成立醫療後勤服務公司「盛弘醫藥」，2011年以盛弘為名上櫃掛牌。

　　光有市場的現金活水並不夠，關鍵在於戰略。接下來楊弘仁選擇把集團經營重心放在基層醫療，這也是一條少有人走的路。他說，大部分醫院發展路徑都會深化某一個專業領域，「以前都是由小變大，往上到醫學中心就到頂了；既然沒辦法向上成長，那我們就做減法，往基層醫療衝市場滲透率，」他清楚知道敏盛鄰近林口長庚醫院，必須走一條不同的路，不然一路會被壓著打。

　　那為什麼基層醫療大有可為？楊弘仁分析，醫院主要接觸到的對象，大都是急重症與門診的病人。大部分民眾大多數時間處於健康或亞健康狀態，最密切接觸的是遍布各地的藥局與

診所,急重症只占大健康產業光譜裡的一小段。

於是,楊弘仁規劃將敏盛醫療體系轉型為「醫藥界的亞馬遜(Amazon)」,制定兩大成長策略:一為面對診所與藥局的B2B端建立電商平台,幫助基層醫療供應鏈數位化;二為面對個人的B2C端,建立起橫跨醫院、連鎖藥局、健檢、藥品銷售與長照媒合的大健康生態系統。

成立盛雲電商,跨入診所醫藥通路商

在台灣,藥品與醫材市場規模超過2,400億元、超過一萬家西醫診所與八千家藥局,這是敏盛集團鎖定的目標客群。

雖然台灣醫療品質居全球前段班,但是楊弘仁觀察到,很多診所與藥局採購藥品還是靠打電話「叫貨」,現在連外送餐點都用手機或電腦下單了,「藥局還用這種原始的流程,實在是太不可思議。」

幫助診所與藥局數位化,成為敏盛的策略發展方向。為達成目標,必須逐步建立起醫療資訊系統、醫藥批發採購與經營通路等三大核心能力。

單靠敏盛集團自身力量建立這三大能力太難而且太慢,楊弘仁直接採取投資與併購加速布局。

從2016年起,敏盛集團啟動併購成長模式,幾乎每年就併購或入股一家企業,並且不斷調整集團內的各公司架構,以因

應新商業模式。2016年取得醫療資訊系統商方鼎資訊的51%股權，敏盛正式跨入醫療管理軟體產業。

　　隔年，成立盛雲電商，開始建立起醫藥產業的電子商務平台，直接面對全台灣兩百多家藥品供應商與一萬多家西醫診所，提供專屬診所藥品一站式訂購、採購分析等服務，同時對上游的藥品供應商提供代銷、行銷與金流代收服務。

　　盛雲電商平台上線兩年內，會員數衝破兩千家，透過敏盛醫院旗下五家分院與兩千家會員而產生的議價權，幫助診所與藥局會員取得更便宜的藥品採購價格，此刻盛雲電商就像是診所界的通路商聯強國際，扮演貨暢其流的角色。

啟動併購發動機，建立基層醫療供應鏈

　　除了盛弘醫藥與盛雲電商經營醫藥流通服務之外，敏盛醫療體系也正積極打造第二個成長發動機──運用併購策略，布局連鎖藥局與健檢，建立起經濟規模的競爭門檻，同時進行集團數位轉型，建立B2C的大健康生態系統。

　　2018年，盛弘醫藥辦理現金增資4億5,000萬元後，立即以小吃大，併購了躍獅藥局，擁有上百家藥局的盛弘醫藥一舉成為台灣前三大連鎖藥局，僅次於長青與大樹藥局。

　　在台灣藥品市場有一個潛規則，藥廠比較重視掌握處方籤的醫師，對於醫院與診所會給予較為優惠的藥品採購價格；但

面對藥局採購藥品時會比較強勢，給予的折扣也較少。

併購進來盛弘事業部門的躍獅藥局，開始進行數位轉型，並且加入敏盛醫療體系的藥品與醫材採購體系，獲得更好的採購價格。未來不排除再從盛弘事業部門切割出去，專注發展藥局事業。

在併購躍獅藥局的隔年，楊弘仁再度出手併購哈佛健診中心，並且與永和耕莘醫院展開高階健檢業務合作，讓盛弘醫藥的健檢事業從桃園新竹地區，揮軍大台北地區市場。2020年，盛弘與富邦集團合作，攜手進軍精準預防醫療市場，透過盛弘的子公司精準健康以換股方式取得「富醫健康管理」股權，富醫成為盛弘在大台北地區的第二個健檢營運據點。

台灣的健檢市場規模約46億元，敏盛醫療體系透過併購、與桃竹地區科技大廠合作健檢及醫院間的策略聯盟，創造出超過6億元的營收，拿下全台健檢市占率13.5%。

變身醫藥界亞馬遜，健全大健康產業生態圈

為何楊弘仁會聚焦在發展藥局、診所基層醫療與健檢中心？敏盛集團希望建立起更多與民眾接觸的管道，再透過大數據分析，將客戶資料整合與歸戶，打造一個從街邊巷口藥局與診所，到健檢中心、醫院與長照服務串連起來的價值鏈，同時服務一般民眾、診所與藥局，而盛弘醫藥扮演「前端分、後端

合」的關鍵角色。

他進一步解釋，盛雲電商可往B2B2C發展，讓顧客在電商下單，藥局取貨；有了顧客的購買紀錄，藥局就能推薦健檢服務；而集團內的健診中心也能進行交叉銷售，「以後我在診所就能買到所有東西，就像在亞馬遜也能買衛生紙一樣。」

要將B2B與B2C商業模式串成一個生態系，必須啟動敏盛醫療體系的數位轉型，打破醫院、健檢中心與各事業部門的資訊藩籬。

大部分公司的數位轉型模式，都是由內部既有部門或是新成立單位來推動轉型。楊弘仁卻有獨到心法，直接成立醫電數位轉型公司，禮聘前資策會創研所主任何偉光擔任執行長，負責敏盛醫療體系內各公司與事業單位的數位資料治理與資料串接工程。他並要求各事業體都必須投注100萬元入股「投資未來」，「數位轉型如果放在公司裡做，容易被各事業部的傳統影響，但成果卻不見得是消費者要的；各事業部都出一樣的錢，可以減少數位轉型團隊只幫特定事業部門做轉型。」

醫電數位轉型公司除幫集團做數位轉型之外，更擔任起對接新創圈的重要任務。長期以來，敏盛都透過創投基金來搜尋新創公司合作機會，但楊弘仁不太滿意這樣的成效，更進一步透過醫電數位轉型公司與t.Hub內科創新育成基地合作新創加速器，不以提供資金為主要目的，而是提供業師輔導、醫療場

域給新創團隊做各項概念與產品驗證，對於優秀的新創團隊再進行投資或併購。

楊弘仁要透過外部新創來刺激內部創新轉型，同時正在規劃前進東南亞，焦點放在印尼、馬來西亞與越南市場，積極尋求當地的連鎖藥局或醫藥電商進行投資。

楊弘仁從出生就一直在醫院裡打轉，身為敏盛醫院創辦人楊敏盛的長子，他雖然也跟隨父親的腳步，就讀台大醫學系，但卻沒投入行醫的行列，反而從策略與管理層面，帶領敏盛這一家桃園中型醫院，不斷透過併購與組織再造，建構大健康產業的生態圈，希望幫中小型醫院闖出一條不同的發展道路，「害怕變革之後的不確定性，是最大的心魔，」他總結近二十年的轉型心得。

面對巨人搶奪市場，企業規模小不是問題，關鍵在於是否能從夾縫中找到巨人不能做的事情，然後重新站穩腳步，繼續向前邁進。（文／江逸之）

創生觀點 ·· 總主筆／黃日燦

1. 台灣醫療服務品質優良，眾所皆知。長年來很多人對醫界也都抱以厚望，希望能擴大研發創新、跨業整合，甚至進而把台灣優質的醫療服務輸出海外、拓展市場。不過，這些期待要實現並不容易，因屬於台灣醫療主力艦隊的大型教學醫院，都不是營利企業組織，而是依《醫療法》規定設立的財團或社團法人組織，上有主管機關的多重規範，轉型創新的空間和靈活性都大受限制。這個法人組織的框架已行之有年，當初或有必要，但現在應否繼續，值得徹底檢討。

2. 幸好，台灣的中型和小型醫院都不需要穿上「法人組織」的緊身衣，經營上能夠當家作主，尤其是中型醫院，只要能夠化「不大不小」的兩頭落空為「又大又小」的左右逢源，就可以揮灑「戲法人人會變，巧妙各有不同」的靈活身段。敏盛就是一個引人注目的經典個案。

3. 敏盛從1975年桃園一間外科診所起家，在旺盛的企圖心帶動下，十餘年間就發展成數百個病床的中型綜合醫院。敏盛曾嘗試繼續擴大醫院規模，但很快就發現在當時剛實施的健保總額支付新制下，醫院做「大」未必划算。於是，敏盛馬上改弦易轍，朝串連基層醫療體系生態圈的方向去開疆闢土。敏盛的願景是成為「醫藥界的亞馬遜」，一方

面建立藥品供應商和診所及藥局之間的B2B採購電商平台，另一方面打造出一個橫跨醫院、診所、藥局、健檢、長照等醫療體系與消費者之間的B2C大健康生態系統。雙管齊下，透過數位轉型整合，敏盛希望把眾多分散各地的小型基層醫療體系的物流、人流、金流和資訊流環環相扣聯接起來。若能成功，敏盛等於是打破了傳統醫療服務產業的結構，把眾多小螞蟻變成一個大雄兵，可謂是劃時代的破壞性創新。

4. 敏盛策略靈活，身手敏捷，於無路處另闢蹊徑，不留戀於大型醫院的迷思，轉進基層醫療體系去扮演領頭雁的角色，化困境為新局，出奇說不定反而能制勝，未來發展如何，且讓我們拭目以待。

第 **3** 章

環球水泥——從重工業老幹長出電子業新枝

認清侷限敢捨敢退
石膏板讓水泥再創生

　　水泥業在早期是國家特許行業，提供民生與國防建設基本材料，是基礎工業也是戰略物資，水泥業曾在台灣經濟發展的藍圖扮演重要角色，也是經濟起飛的重要推手。然而時過境遷，因內需飽和與產業環境變遷，這個曾經紅極一時的明星產業面臨發展瓶頸，亟需轉型求變。

　　在侯家第四代的齊心治理下，環球水泥重新審視本業，走出與競爭者不同的路。

　　環泥擁有全台唯一一間石膏板場，曾經虧損到差點收掉，現在卻已占總營收14%，拿下逾九成的市場占有率。現在，環泥除了在本業上持續供應基礎建材公共工程所需，也積極投入高科技產業轉型，子公司利永環球科技以壓力感測技術間接打入蘋果（Apple）供應鏈，接下來要努力轉虧為盈。

　　率領環泥轉型蛻變的，正是侯智升與侯智元兩兄弟。侯智升在二十四歲就取得麻省理工學院（MIT）電機博士，侯智元是哈佛大學（Harvard University）東亞所碩士，2009年返台，輔佐剛拿下經營權的父親侯博義。當時兩人分別是二十七歲與二十五歲，年紀輕輕就接管了五十歲的環泥。

　　走過輝煌與低谷，歷經西進與洄游，環泥在2020年7月正式啟動接班，由侯智升擔任總經理，侯智元擔任執行副總經理，由兄弟兩人帶領這個老牌企業華麗轉身。

毅然斷尾，在對的領域儲備戰力

1954年，台灣水泥正式由公營轉為民營。在那個國家扶植內需的年代，投產的新廠從南到北如雨後春筍般成立，環泥也誕生於這波產業興起浪潮，由台南幫領袖吳三連以及侯雨利於1959年籌組，隔年成立。

環泥的總部在台北，成立之初將採礦場與第一座水泥廠設於高雄大崗山，後來因應十大建設需要，在高雄阿蓮鄉建立第二座水泥廠。1991年建立台灣第一座石膏板場，生產防火建材石膏，當時還沒有很好的獲利能力。到了2003年，環泥決定跟著台泥與亞泥的腳步進軍中國，在廣東惠州設水泥廠。

當時環泥的發展策略聚焦在規模，將所有的資源都投到了中國，「但是我們晚了，人又少，這是比較大的問題，」侯智升說，「而且我們沒有國土證，也沒有採礦權，」對於水泥業而言「礦」就是命脈，加上中國在2009年初明定要節制耗能性產業發展，並強力扶植自家的海螺水泥，「他們有自己的商業規則，那些規則不太適合外地；除非你有經濟規模，不然真的做不起來，」副總經理侯智元解釋，當地的產業生態對於規模小、財力又不及業界龍頭的環泥來說，正是難以跨越的限制。

最後，礙於當地的產業規則與相關法規設下的重重阻礙，環泥在中國市場經歷長年虧損，在侯博義父子三人接掌環泥之後，於2010年處分了六家轉投資公司的股權，撤出中國市場。

「這是很重要的取捨，」侯智升說。畢竟環泥在當地缺乏法規與資源基礎，甚至連專利都是別人的，選擇退出不合適的市場，是為了在對的領域儲備戰力。

回頭檢視中國的布局，兄弟倆有許多學習：不要一窩蜂地去做一樣的事情，必須衡量自己的實力、清楚知道自己的專長，並且瞭解自己的定位。過去環泥一直想要做大，但若要比規模，再怎麼樣都不可能勝過產業大老；相反地，若從小地方去累積，經年累月仍可獲得一定成果。

轉型建材公司，「減法」經營驅動成長

就在退出中國市場的同一年，環泥停止生產水泥熟料，改向同業購買原料再自行加工。過去，環泥都是從菲律賓進口原料，海運運費高昂不說，每年還會因為颱風季而有四、五個月都沒有船能進台灣，原料供應不穩定，如此絕非長久之計。

「高值化是我們的核心策略，因為大時代的趨勢就是人口變少，未來一定是需要高階的產品，」侯智升說。於是，環泥決定先用「減法」，將弱點縮小，重新尋找環泥的優勢，「很多沒辦法發展的項目，先慢慢縮編，漸漸就收起來了，」侯智升說。

透過取捨，環泥不再發展缺乏長期優勢的項目，試著重新聚焦，強化與同業不同的能力，讓資源集中在核心項目上，重

新定義自己在產業中的角色。

　　和同業很不一樣的地方是，環泥有自己的混凝土車隊，一般來說水泥廠不喜歡有自己的車隊，因為運輸是另外一個專業，在交通安全管理上需要相當的成本；但反過來說，運輸卻也是水泥廠的命脈，因為混凝土容易受潮而硬化，在路上跑的水泥車裡面裝的預拌混凝土就只有半天保鮮期，超過就不能用了。可以說，運輸之於水泥就如同血管之於血液。

　　環泥不但保留車隊，還強化車隊特色，「混凝土司機其實代表公司，司機送的不只是原料，也是他這個人，就是公司品牌，」侯智升解釋，環泥有自己的制服，「如果大家覺得自己在一個不錯的建材公司，都會有一定的榮譽感。」對於環泥來說，貨運司機也是品牌形象的一環，員工的認同感對公司形象是有幫助的，「我們把自己定位為建材公司，而不是水泥公司，」侯智升補充。

解決缺工，轉型為台灣石膏板大王

　　既然把自己定義為建材公司，環泥的競爭優勢是什麼呢？

　　為了釐清這個問題，兩兄弟在剛進入環泥時，花了許多時間去瞭解每一個生產環節，找出核心競爭力。兩人在深入研究後發現，環泥生產的石膏板在台灣市占率高達九成以上，若能以此轉進高利的建材市場，前景可期。於是他們決定留下這個

差點被處分的事業，甚至投入更多資源。

　　現在，石膏板的毛利率可達三成，他們是如何做到的？

　　首先，環泥的石膏板協助解決了缺工的問題，即使是輕質灌漿，也需要等到它乾了之後才能進行下一步，然而建築業缺工的趨勢隨著時間越來越明顯，這也讓越來越多建商可以接受「預鑄」的概念。預鑄就是將做好的石膏板帶到工地的現場澆置或組裝，一到現場就能直接搭起來，只要三個人就可以開工，可以有效減少工地現場的人力需求。

環球水泥小檔案

經營團隊：董事長侯博義、總經理侯智升
成立時間：1960年
資　本　額：65.3億元
營收比重：混凝土（62%）、水泥（24%）、石膏板（14%）

近五年營收與EPS

年度	合併營收（億元）	EPS（元）
2016	46.2	2.68
2017	44	2.16
2018	47.8	1.62
2019	50	1.74
2020	54.3	1.91

此外，環泥也投入提升技術優化原有的製程，讓石膏板除了能夠防潮，還能在不使用石綿這類有毒材料的前提下，提升防火與耐震的功能，並強化其隔音與隔熱效果，增加建材價值。因為石膏板不一定要是石膏為底，為了打造產品優勢，從石膏板的研發、生產到剩料回收，環泥皆是使用友善環境的建材，像是燃煤電廠在發電過程中衍生的副產品，就是永續發展的內裝建材。

著眼於客戶需求，環泥也請來了設計師為石膏板增添紋路圖案，希望打破石膏板單調的印象，讓台灣跟上世界潮流，用石膏板來做隔間與天花板的材料。

與人為善，關係為成事根本

這兩名頂著名校光環的「空降」經營者，進入組織後也發現到，若想要調整企業體質、順利推動轉型，除了會「做事」，更要會「做人」。因為水泥產業具有區域性的特色，一個地方的大建商都是固定幾間，所以花時間和工地夥伴培養感情是很重要的。

「有些就是能接得到單，接不到就慢慢磨，要很有耐心，」侯智元說，「我最早是從工地開始，去和工地主任或經理互動，」想取得對方的信任，就是要勤加走動。在與工作夥伴建立關係的過程中，侯智元也學到了許多「眉角」。

第一線的互動，還能鍛鍊實務工作方面的認知，從基層開始掌握整個產業的實際面貌。透過勤加走訪，侯智元慢慢地掌握了工作夥伴的性格以及客戶的需求。因為重視雙向溝通，他也時常親自登門拜訪客戶，努力維繫長期關係。

除了關係的培養，回歸商場的根本，還是誠信與品質。「你把事情做好，人家就會選你；你如果出錯，人家就不會選你，」侯智元強調，任何事都要回歸基本功。而這正是「三好一公道」的經營理念——品質好、信用好、服務好，而且價錢公道。

除了品質、信用與服務之外，兄弟倆也講求規矩，雖然很多人到工地都會買飲料或帶東西，但環泥禁止此事，「我們公司滿正派，」侯智升補充，因此會要求同仁不能有請客或喝酒等活動，而是將本分顧好為首要任務。為了掌握前線狀況，侯智元每個星期都會到南部的營運點和同仁聊天或討論，「畢竟我不是在前線，所以有些事情是看不到的，」侯智升說。

轉戰電子業，老幹也能長新枝

環泥除了以高值化策略帶動轉型創新，近年來也投入電子事業，成立利永環球子公司，開發壓力感測技術。

侯智升在麻省理工學院學的是為電子晶片做核酸檢測，但因為找不到合適的商業模式，所以回到台灣之後，他決定轉做

接觸式和壓力式的感測器，先進到工研院深入研究這個領域。2008年加入環泥的經營權團隊之後，開始在環泥和工研院兩邊跑，直到2011年正式將這家公司從工研院分割出來。

利永在2013和2014年的主要業務是觸控式鍵盤，不過當時因時機尚未成熟，大部分人還不習慣這樣的產品。「發展新事業和新產品，真的要天時地利人和，最近我們就推得還滿順利的，」侯智升指的，其實就是「壓力感測器」。

侯智升還分享自己創業的心得，他提到，一開始創業的時候，覺得自己可以改變世界，「可是世界其實有這麼多人，應該是世界來改變我、決定要不要做什麼事情，這樣才是正確的思維。」

正是這樣的思維，讓他懂得要隨著大環境的脈動去調整環泥的產品線，發揮石膏板的價值，解決未來缺人缺工的問題。同樣地，電子事業利永目前所發展的「智慧醫療床」和「智慧貨架」也是回應當前社會趨勢的應用。

智慧醫療床的壓力感測床墊，能感測到臥床者的動靜，是一項試圖回應醫療體系人力不足的應用；而智慧貨架也是當前電子業的大趨勢，放上貨架的物品能馬上被電腦感測到，可取代人力，「我們會去看，人口減少會產生什麼問題？我們的產品或服務能不能解決這個問題？這就是未來可以找到生存空間的地方，」侯智升說。

攜手強者，同時尋找併購標的

歷經十幾年的轉型，環泥走出了自己的創新路——侯家兩兄弟的創新並不是做出過去沒有的東西，而是成功地在原來大家習以為常的東西上，找到過去沒有人注意的角度，完成了最安全而且最有用的創新。

未來，環泥還會尋找更多不同搭配的材料，只要工法雷同的材料，在系統上都能搭配使用，例如日本的進口水泥纖維，以及現在正在進行合作討論的韓國廠商，「他們有些技術跟台灣不一樣，所以跟他們合作，大家可以互補，」侯智升說。

除了和跨國廠商合作之外，環泥也持續向外尋找併購機會，發展更多不同的建築材料，以奠定建材公司的地位。侯智升表示，若有好的機會，能讓環泥快速成長，就要考慮比較大型的併購；但是在好的時機到來之前，也可以先從小規模的投資做起。

正因為認清侷限、能捨敢退，侯智升和侯智元才能帶領環泥發揮所長，迎向下一個新的發展階段。（文／李妍潔）

創生觀點 ·····························總主筆／黃日燦

1. 環泥在水泥業的規模相對小，與同業多元競爭往往事倍功半，選擇退出水泥熟料生產後，藉由減法聚焦於主要商品，轉型變身為建材公司，優化預拌混凝土運銷品質，並把賠錢貨的石膏板做成「高值化」的搶手貨，讓自己從水泥業老么脫胎換骨成為石膏板老大。面對困境，環泥果斷停損，勇敢轉型，值得肯定。

2. 建材業與水泥業的產業生態不盡相同，客戶關係的經營各有「眉角」，需要從基層重新學習鍛鍊。環泥除了從「人」與「事」下手改造、調整體質外，也強調回歸商場根本，秉持「三好一公道」為老品牌注入新靈魂。

3. 有鑒於既有產業仍有發展侷限，即使做到最好，也未必是資產配置運用的最佳策略。因此，環泥在盤點「技術、資金與管理」後，決定跨入電子業，進軍觸控感測高科技領域，上看「智慧醫療床」和「智慧貨架」的新興行業。當然，轉進新產業絕非一蹴可幾，但若原有舊產業發展前景不佳，與其坐守老店，原地踏步，不如及早變換跑道另尋出路。「溫水煮青蛙」的教訓，不可或忘。

第 4 章

上緯國際投資控股──將逆風轉化為成長的養分

離岸風電走一遭
「玩大車」累積創新好功夫

上緯是一家從樹脂材料起家的公司，因為打入風力葉片供應鏈而嗅到商機，竟勇敢投入離岸風力發電事業，成為台灣產業界先驅，甚至為此燒掉超過40億元，是資本額的五倍之多。

這原本應該是「多角化經營」的漂亮開場，可惜這個故事未能有圓滿的結局。2018年，上緯在離岸風電風場遴選中意外失利，幾乎賠進了公司多年的盈餘，最終黯然退場。

不過，這40億元的學費並非付諸流水，所有寶貴經驗都化為成長養分。現在的上緯在重新聚焦的道路上，經營格局與視野已不可同日而語！

掌握綠能趨勢，從環保材料跨足風電開發

上緯創業之初便鎖定了環保耐蝕樹脂，結果第一年就成功打入台塑供應鏈，提供可以裝強酸鹼的複合材料容器，公司也立即實現獲利。在1992至1999年，上緯以單一產品打天下，到了2000年開始擴張海外市場，切入中國與馬來西亞等地，2005年關注風電產業的發展趨勢，將產品線擴展到風電葉片樹脂，2015年後又發展碳纖維複合材料。

不過，多數人對上緯的印象，更多是在風力電場開發商的身分。

上緯最早接觸風力發電，與中國在2005年啟動的「十一五計畫」有關。決定跨足風力發電相關材料後，上緯在2006年底

於天津設立上緯（天津）風電材料，並於2008年11月正式量產，為全球風力葉片製造商提供全系列樹脂產品。

後來上緯進一步從風電材料往風力葉片發展，吸引到中國大陸的風機大廠金風科技和國電集團，其中金風還入股上緯在中國的轉投資公司，與金風的合作讓上緯快速躍居中國市場風電材料主力供應商之列，市占率一度逼近四成。

「當初我們有做風力葉片的樹脂，就是那三根葉片，大部分都在中國大陸銷售，因此對這個行業的掌握度挺高的，」上

上緯國際投資控股小檔案

經營團隊： 董事長暨總經理蔡朝陽
成立時間： 2016年
資　本　額： 9.35億元
營收比重： 環保綠能材料（55.41%）、含保耐蝕材料（21.63%）、其他（22.96%）

近五年營收與EPS

合併營收（億元）　EPS（元）

緯董事長蔡朝陽表示，2005年中國通過《可再生能源法》後，提供綠能補貼，每年的發展都非常快速，市場充滿前景。

儘管葉片材料僅占風場開發成本的1%至2%，但上緯為了掌握客戶的需求，與一線的葉片廠、風機製造廠都有緊密互動，因此建構了對風電產業鏈的完整概念，這些基本功，也成了日後上緯進軍台灣離岸風電開發的有利籌碼。

投資離岸風場，開啟風電之路

當綠電開發逐漸在全球蔚為風潮，台灣也在2009年頒布《再生能源發展條例》，並提出「風力發電離岸系統示範獎勵辦法」，蔡朝陽便率領團隊評估投資離岸風場的可行性。

他向董事會提出投資離岸風場的構想，大家雖然覺得這是一件對台灣很有意義的事，但多數人都認為投資金額太高，不是跨國大型企業根本玩不下去，且要從風力葉片材料供應商變成風力發電開發商，仍有很長的學習曲線。尤其台灣過去從未有海上風場的開發經驗，種種現實因素讓這條路險阻重重。

「我在董事會提了五次被駁回，到了第六次提案的時候，董事們感覺我這麼堅持，就說先給我5,000萬，反正董事長的核決權限是5,000萬，但如果沒有通過環境影響評估和政府補助，就要停住，」蔡朝陽回憶。董事會過關後，上緯就開始組織團隊，為做足功課，更多次到歐洲發展離岸風電領先的國家

取經，拜訪風機廠、海事工程和融資機構等單位。最後，選定苗栗竹南與後龍一帶作為場址。

2013年上緯取得離岸風電示範獎勵案資格，準備大展身手，目標是成為離岸風電業的台積電，但後頭的考驗接踵而至，不管是技術面、政策面，還是財務面，執行難度都遠超過預期。「我把兩個示範補助案都拿下來，才知道越是涉入就越虧錢，」蔡朝陽這麼說。

從基礎設施、政府到民間皆關卡重重

從零開始的任務，總是格外艱鉅。

台灣離岸風電的基礎設施嚴重不足，全部要由開發商自行承擔。蔡朝陽指出，當時歐洲已經興建很多座離岸風場，因此原本以為技術不是問題，差別只在於要花多少成本而已。但後來卻發現問題很大，因為台灣的海床結構與歐洲不同，又有颱風及地震等天然災害，必須採取更嚴格的標準，才能耐得住二十至三十年的使用年限。

在人才方面，開發風場的專業能力與原本的材料製造截然不同，但台灣完全沒有離岸風電相關的專業人才，上緯只能招募機電、電纜、船舶機械、土木結構、地質和環安衛等各種領域的人，另外聘用大量的外籍專業顧問，同時讓第三方認證團隊進駐，組成台灣第一個本土離岸風電團隊。

　　因為台灣從未有開發離岸風電的經驗，基礎資料付之闕如。「政府只有蒙藏委員會我沒有去過，」蔡朝陽回顧在政府打通關的過程，經常得在各部門跑來跑去，例如：跟交通部確認風機是否影響飛航路線、跟國防部瞭解風機是否影響飛彈試射路徑、跟國有財產署釐清海洋地的歸屬者，甚至還要進行考古調查，確認海底有沒有古沉船。

　　光是前期的評估與基礎研究，上緯就耗費上億元。而且逐一解決複雜的法規審查與要求還不夠，經營地方關係更是建造離岸風電的重要功課。

　　農家出身的蔡朝陽，深知耕耘在地關係的重要性，一開始就編制了五人地方小組，其中有兩到三人長期駐點，與漁民、漁會以及地方組織搏感情，建立互信。除了耐心溝通，團隊甚至帶他們到日本參觀，考察當地漁村如何永續發展，同時幫漁民規劃出在風機與風機之間的「箱網養殖」，為的就是減少興建風場對漁民生計的影響。

　　另一方面，上緯補助地方的金額也給得非常大氣，讓公部門都大感訝異。蔡朝祥強調，「第一個風場我就補助他們4億，那時候上緯總資產才9.9億元，我花了4億元相當於給了將近一半的資產，」蔡朝陽拿出了十足的善意與誠意，使上緯在2015年8月順利獲得95%以上的漁民同意開發。

壯志未酬，商轉後卻黯然退出

從基礎研究、興建過程到地方回饋，上緯都投入了超乎預期的資金，於是很快就面臨到資金斷炊的壓力，前後向潛在投資人敲門達兩百多次，最大癥結就在於上緯的資本額僅有8億多元，但籌措資金卻高達200多億元，加上當時各界對台灣發展離岸風電產業普遍缺乏信心，上緯只好將目標轉向國外，先找了幾家具有離岸風電融資經驗的國際金融機構洽談，終於說服國內外銀行與投資機構，以「專案融資」的方式提供資金。

關關難過關關過，2016年10月，上緯終於在苗栗竹南外海豎起兩座風電示範機組，隔年4月取得台灣首張海上風電的電業執照。

有了成功商轉經驗，自然不難吸引到國際合作夥伴。上緯在2017年與丹麥沃旭能源（Orsted）、日本捷熱能源（JERA）以及麥格理綠投資集團（Macquarie's GIG）共同投資，投入第二階段開發，共裝置二十座風力發電機，裝置容量達120百萬瓦（megawatt，下稱MW），於2019年10月正式商轉，成為中國以外亞洲首座商用規模的離岸風場。

就在上緯似乎就要迎來苦盡甘來的發展，準備展開苗栗及彰化外海更大規模的離岸風場規劃時，卻在2018年的第二階段遴選中意外落馬。由於台灣的再生能源躉售價格高於國外，近年吸引大量國際風電開發商，遴選結果名單一公布，除了中鋼

及台電以外，都是外商。在董事會的建議下，上緯決定畫下停損點，忍痛出售上緯新能源。

2019年6月，上緯宣布出售上緯新能源95%股權給美國能源開發公司Stonepeak，僅保留5%股權給經營團隊，未來營運重心將回歸本業，而蔡朝陽想打造離岸風電界「台積電」的美夢，終究還是壯志未酬。

玩大車玩出好功夫，回歸本業更有本事

儘管風風火火投入離岸風場開發的結果不如預期，但幸好上緯的材料本業一直維持很好的底氣，在環保樹脂與綠色能源材料市場皆表現不俗，2020年的營收創下98.7億元新高，年增率高達55.56%，即便痛失一塊大市場，仍有龐大的事業版圖可以開拓。

上緯從材料跨足離岸風場時，曾被笑稱是「小孩玩大車」，但現在回歸本業後，蔡朝陽卻練就了一身好功夫，無論是經營管理、研發創新還是商業聯盟，都展現出截然不同的高度與氣度。

「這些經驗肯定是有幫助的，」蔡朝陽強調，上緯在風電行業深耕十幾年，且身兼材料供應商與整合開發商，對於大型化、輕量化，與提升發電效率等市場趨勢都理解得相當透徹，未來更能判斷產業的發展方向，可以超前部署。

蔡朝陽表示，以前是由客戶提出需求再去做研發，但上緯兩年前就開始在清華大學設立實驗室投入前瞻研發，投入三至五年後的技術研究，「當我們跟客戶討論時，他們就會感受到我們對於未來的發展很有掌握，」他自信地表示。

現在，上緯的營運眼界也更高、更遠了。蔡朝陽說，十幾年前，上緯只會想到「現在」與「明年」，如今上緯做的卻是六年計畫，從六年後的目標去設定此刻的策略，然後推出每一年的任務。例如，2025年要達到300億元的營收目標，現在的營收只有100億元，中間還差200億元，「所以新材料每年要成長12.5%，碳纖維要做到100億元，除了本業的有機成長，另外投資併購也貢獻100億元，」他分析。

轉投資布局，以本業策略投資為主

早在2016年8月，上緯就將台灣的上市公司從上緯企業改成投資控股公司，一方面便於管理旗下的樹脂、碳纖維和離岸風電等不同事業體；另一方面則是放眼後續上市籌措資金的機會。後來上緯將做樹脂的母公司從台灣遷到上海，以上緯新材料在2020年9月於上海證券交易所科創板上市，就是看好較高的本益比，從資本市場籌資更為容易。

目前環保耐蝕樹脂、風電葉片樹脂和碳纖維複合材料這三大事業，構成了上緯營收繼續攻堅最有力的三條腿。為了啟動

可能的投資併購計畫，上緯也開始接觸新創圈，包括經濟部、價創協會、台大創創和工研院等相關單位，但現階段的轉投資布局仍以從本業核心及延伸的策略性投資為主，優先選擇可以產生綜效的標的。

舉例來說，上緯在碳纖維領域，就投資碳纖維單車製造商航翊，持股近15%，分別供貨給自行車廠商、汽車廠及機殼廠的供應鏈。另外，上緯在2015年也與台塑合資成立上偉（江蘇）碳纖複合材料，分別持股82%及18%，打破台塑與其他公司合資幾乎都占大股的傳統，其主要應用涵蓋汽車、風力葉片、運動及休閒用品等輕量化碳纖維複合材料等產品，扮演上緯在碳纖維事業的火車頭。

隨著上緯重新聚焦於新材料事業，2019年已擬定積極的六年發展計畫，希望將這些年來在離岸風電累積的寶貴經驗都灌注到本業。除了設定年營收300億元的目標外，也希望2025年環保耐蝕材料在亞洲市占率超過25%、風電葉片材料全球市占率超過25%，以及在碳纖維風電葉片所需的拉擠碳板與預浸布在全球市占率可達到30%。

衝刺六年計畫，開創下一個營運高峰

蔡朝陽分析，目前上緯的環保耐腐蝕樹脂在中國的市占率已經達到28%，中國市場規模約占亞洲70%，「我們在東南亞

市占率也接近50%，未來會繼續耕耘中東及印度等市場，這個目標要達成的難度不高，」他說。

至於在風電葉片材料方面，蔡朝陽認為挑戰較高，但如果能夠守住中國一半以上的市場，加上歐洲市場有所突破，仍有機會達標。事實上，過去幾年上緯因為開發台灣的離岸風電，與西門子歌美颯（Siemens Gamesa）、丹麥菱重維特斯（MHI Vestas）和美國奇異公司（GE）等國際大廠都有緊密接觸，且已經成為這些大廠的風電葉片材料供應商，如能解決在地供貨問題，就有機會在國際市場擴大競爭力。

「那幾年我們交手的都是全世界最優秀的公司，像是日本捷熱能源、東京電力、西門子、沃旭、麥格理，這中間絕對不是空手而回，也是練了一身功夫，」蔡朝陽認為，不管是迎風還是逆風，他堅信只要抱持信念與韌性，一定可以再創營運高峰。（文／沈勤譽）

創生觀點⋯⋯⋯⋯⋯⋯⋯⋯⋯⋯⋯⋯⋯⋯⋯總主筆／黃日燦

1. 過去十餘年來，台灣政府啟動離岸風力發電綠能計畫，吸引了國內外風電大廠的參與興趣。其中，異軍突起的一匹黑馬，卻是以樹脂材料起家的上緯。原是風電的門外漢，上緯從供應材料給風電葉片製造商的業務當中，嗅覺到風電開發的成長商機，乃在資金、技術、人才俱缺的情況下，大膽投入競標取得參賽資格。2017年獲頒台灣首張海上風電的電業執照，進而爭取到丹麥沃旭、日本捷熱等國際大廠共同投資，建置了中國以外亞洲首座商用規模的離岸風場。然而，當上緯在政府第二階段遴選意外落馬時，上緯也當機立斷，出售風電股權，停損退場。來去一陣風，瀟灑走一回，上緯的風電之旅，令人嘆為觀止。

2. 雖然有人笑稱為「小孩玩大車」，但上緯為了在風電開發舞台上脫穎而出，投注了無數心力，擔負了重大風險，毅然殺進，斷然殺出，心志之高，膽識之壯，在台灣中小企業中實不多見，值得肯定。更何況，上緯「玩大車」的學費並未白繳，在回歸材料本業後，無論是經營管理、研發創新或商業聯盟，都展現了截然不同的高度與氣度，比以往更能掌握風電產業的發展趨勢，更能針對客戶未來需求投入前瞻研發。特別值得一提的是，上緯的經營視野比以往更長遠，過去只關注「現在」和「明年」，如今卻確實

擬定六年發展計畫，從六年後的目標回溯設定當下的策略和每年的任務，與時推移，順勢調整。這種遠眺六年的長期規劃，也是台灣中小企業少有的特例。

3. 早在2016年，上緯就將台灣的上市公司從上緯企業改組成投資控股公司，一方面便於管理旗下樹脂、碳纖維和離岸風電等不同事業體，另一方面則是放眼未來後續上市籌資的機會。在投控架構下，上緯的確啟動了好幾樁投資併購案件，也開始接觸新創圈尋找適當的互補機會。上緯在競逐離岸風電時，與眾多世界一流企業折衝樽俎打交道，磨出一身千金難買的好功夫，學會如何細膩而有層次地推展策略聯盟。由於有這些獨特的第一手經驗，上緯能超越製造為主的簡單商業模式，更能透過投資控股、合縱連橫等策略思維，強固本業發展，擴大競爭優勢，也值得國內其他中小企業借鏡參考。

第 **2** 部

改變客戶關係

如何超前挖掘客戶需求，幫客戶創造價值，成為客戶的戰略夥伴？卡爾世達、大瓏與安口分享如何讓客戶緊緊抱住你的祕訣

第 5 章

卡爾世達——讓黑手成為汽車醫生

從訂閱經濟到共享平台
打造雲端汽修生態圈

在新北市五股工業區裡，有一間公司是七千多家汽車保修廠黑手師傅的修車總教練，每個月解決掉超過三十萬筆修車的疑難雜症。

卡爾世達，台灣最大的汽修技術顧問公司，全國每2.7家汽車保修廠就有一家是卡爾世達的客戶。在卡爾世達的雲端資料庫中，從數百萬元的高級進口車到幾十萬元的國產車資料都有，修車師傅只要點擊幾下滑鼠，就能取得最詳細的維修資料與教學影片，依照螢幕指示來修車。這項雲端資料庫服務為卡爾世達帶進每年3億多元的訂閱收入，「我們比微軟（Microsoft）更早三年推出會員訂閱制，」身材清瘦的總經理黃遠明提高語調說。

高職汽修科畢業的黃遠明，從事汽車維修已超過三十五年，一路從學徒做到進口車品牌維修廠廠長，他做事的起手式是把流程拆解精光，重新建立SOP。就連在辦公室泡咖啡，他都會依據不同品種的咖啡豆，仔細調整研磨機的設定，用磅秤測重、溫度計控制水溫，最後沖出一杯杯甘醇的咖啡。

秉持每個細節都要追求準確的精神，黃遠明建立起汽車維修資料庫，幫助修車師傅依照SOP精準無誤地修車，徹底翻轉在師徒制傳統下「經驗至上」的汽車維修業。「我有使命感，這個產業不該被叫黑手，應該叫『汽車醫生』，」黃遠明堅定地說。

台灣有八百多萬輛汽車，支撐起一千多家汽車品牌原廠保修廠與一萬七千多家非原廠保修廠的生意，品牌原廠技師必須接受循序漸進的保修教育訓練，車主在三到五年的新車保固期內，大多會選擇在原廠進行保養，才能確保日後申請保固時不會被原廠刁難。

由於台灣民眾的平均換購新車年期都在十二年以上，許多車主在汽車超過保固期之後，會為了省錢而選擇到非原廠修車。但是非原廠的保修廠師傅要同時維修許多品牌的汽車，再加上無法獲得原廠的技術支援，往往得靠自身經驗或師傅的指導來修車。

但是，這樣靠經驗值修車的模式，早在二十多年前就遭遇重大挑戰，「現代的汽車線路設計越來越複雜，系統都是電腦在控制，讓老師傅無法再靠經驗修車，」一位內湖專修歐系汽車的保養廠老闆強調，現在，先讓汽車連上電腦確認故障碼，已取代過往只拿扳手與螺絲起子的修車方式。

卡爾世達小檔案

經　營　團　隊：董事長洪達權、總經理黃遠明
成　立　時　間：1995年
資　　本　　額：8,000萬元
主要產品與服務：汽車維修技術培訓、設備、耗材與行銷服務

拆解各廠牌技術，重建保修知識系統

二十多年前開始，汽車設計越來越精密，非原廠的保修技術跟不上，修壞汽車的事件屢見不鮮。1995年，黃遠明成立團隊，整理市面上數百種車型保修資料，編寫成各品牌的「汽修百科全書」，讓修車師傅遇到問題時能按圖索驥。

「汽修百科全書」並非卡爾世達首創，為何黃遠明能把生意做到全台第一？

其實，當時市場已有一家龍頭業者，講師頗有名氣之外，業務更已拓展到中國，但他們卻是直接照搬原廠維修知識。不同於此，黃遠明選擇另闢蹊徑，他帶領團隊花心思研究各車款在缺乏原廠維修工具時，該如何保養維修。最後，卡爾世達不僅萃取出各種車款的維修祕訣，甚至取得原廠版權，成功以這套結構化的知識系統打開了技術顧問市場。

而這次創業也讓黃遠明意識到團隊的重要性，無論是產品開發或是知識集結都需要團隊的力量，不能只靠個人。「我年輕時認為自己什麼都會、無所不能，」他回憶：「但一段時間之後，就感覺到自己不會的還很多，個人的角色要調整。」這樣的體悟，養成了黃遠明在日後發展新事業時，樂於與外部合作的積極態度。

創業五年後，卡爾世達面臨到成長瓶頸。因為百科全書一套可以用好幾年，客戶在購買之後，和卡爾世達就沒有生意往

來了，除非有新車款上市。這使得卡爾世達的業績只能跟著汽車廠「三年小改款、五年大改款」的步調走。

不想被限制，就要想辦法突破。黃遠明決定調整商業模式，他引進汽車保養耗材來銷售，結合主力的百科全書與顧問服務，只要客戶購買一定金額的耗材，就能獲得該年度的技術顧問服務。藉此，卡爾世達擴大了營收來源，更取得了進一步開發技術的資本。

轉型操之過急，營收慘遭滑鐵盧

市場嗅覺敏銳、腦筋動得飛快的黃遠明，靠著搭售耗材與技術顧問服務，為卡爾世達開啟了成長動能。目前，卡爾世達的營收占比維持技術顧問四成、耗材銷售六成的結構。

然而，成也蕭何、敗也蕭何。由於不想受限於舊有框架，黃遠明的下一個創新卻讓公司差點滅頂。

由於車款迭代越來越快，黃遠明在2009年把百科轉為數位資料庫，並在隔年結束紙本發行，積極跟上數位化趨勢，要求客戶直接使用資料庫來查修汽車。

不料這次的轉型卻為卡爾世達帶來了經營危機，由於當時的汽車保修廠幾乎沒有電腦，習慣翻閱紙本的老師傅們也無法適應電腦查資料，再加上走在時代前端的「訂閱服務」在當時尚未能被市場接受──對於客戶而言，以前只要付一次的費用

就能買下紙本百科，但數位資料庫卻必須每年付費才能使用，實在難以接受。種種因素讓續約率狂掉50%，重創營收，更造成員工反彈。

面對內外部排山倒海的抗議聲浪，黃遠明仍堅持在數位化的道路持續前行。為了提高客戶的接受度，他重新調整產品服務的內容與訂閱方案，將紙本百科改為附贈筆電操作、加入電話客服，一步步指導客戶使用數位資料庫，逐步改變他們的使用習慣。

「經營企業一定要結合『永續』的理念，有這個堅持，你就會做出正確的事，就算看起來不討好，」黃遠明說。但他也反省，如果重來一次，他會讓紙本與數位並行一段時間，使系統轉換的過渡期更緩和。

走過轉型的挫折，卡爾世達成為首家推行數位資料庫的汽車維修顧問業者，以先行者之姿取得了市場優勢。

失敗成為養分，學會先調整流程再導入系統

往前衝刺的過程裡，黃遠明曾跌過幾次跤，但他也記取了寶貴經驗。2013年導入企業資源規劃（Enterprise Resource Planning，下稱ERP）系統的失敗經驗讓他學習到：轉型得先釐清目的、依照目的調整流程，之後再導入合適的系統，「大部分的轉型要先修改流程，再調整系統配合流程，如果系統修

改超過25%，通常就會失敗，」他分析。

以往，卡爾世達透過各地的經銷商去接觸客戶，但卻難以掌握用戶樣貌與洞察需求，也無法做到精準行銷，更不用說是提供個性化服務。為了更快建立競爭優勢，黃遠明引進了更多數位工具。例如，若總部能在前端就先篩選出高潛力的客戶，就可以提高業務人員的成交率。

有鑑於此，黃遠明與團隊在顧客關係管理（Customer Relationship Management，下稱CRM）系統裡，重新定義「潛在客戶」這個類別。系統中設有三十多個數據指標，幫助行銷及業務人員開發新客戶與經營老客戶，透過一次次的互動，持續修正數據資料，讓服務更到位。

不過，導入數位與發展新商業模式需要長時間才能看見成效，沒有任何經營者可以保證投資一定會成功，「剛投入的時候要有心理準備，前幾年都不要去想『回本』，」黃遠明坦言：「企業經營犯錯並不可怕，可怕的是你沒有往前走。」

他將失敗視為成功契機，將嘗試過程當作反思的機會，時時回頭檢視原來的判斷是否足夠縝密，持續修正不足之處。

打造保修生態系，成為汽車醫生的「總醫院」

為了提供客戶最佳體驗，卡爾世達不斷從使用場景去發展相關服務。

　　近年，新車大多具備影像倒車等電腦輔助的駕駛系統，可見汽車電腦化程度不斷攀升，但這也使得車輛保修越來越複雜，難度也越來越高。為因應這個趨勢，卡爾世達陸續推出了汽車線路圖系統、維修案例資料庫和線上培訓機制。

　　現在，卡爾世達有近九成的客戶問題都能靠雲端資料庫解決，會員續約率高達85%。支撐好成績的基礎，來自科技串起的數位服務平台，例如收錄了保養資料、故障案例與車輛線路的AI資料庫，以及提供歐亞車系線上課程的「修車人創育學院」等。

　　有資料跟工具，還得讓客戶看得懂並知道怎麼用。

　　「客戶都是碰到問題才會上平台，要很快找到答案，不能像學校那樣從理論開始教，」因為理解客戶的使用情境，黃遠明把教學分成兩部分：先是觀念釐清，並根據不同情境確認故障原因，接著再透過影音教學提供客戶解決的工具。

　　有了數位工具，師傅們只要掃描故障代碼，就能從AI資料庫找到檢修方法，連剛上市半年的最新車款也不例外。如果線上無法排除，也能取得線下服務。

　　除了系統化的維修知識外，卡爾世達還提供租借檢修的特殊工具和設備與儀器的共享平台，以及為保修廠與車主服務的行銷平台等，建構汽車生態圈，成為解決方案的提供者。

借取外部夥伴資源，擘劃下一個創新藍圖

卡爾世達的平台種類繁多，要推動創新轉型，時常得借助外部專家的力量，特別是系統開發，「我們的優勢是客製化服務、提供外面買不到的套裝產品，但我們不可能自己養一支研發團隊，所以就策略性投資了一家程式開發公司，」黃遠明強調，在這個時代，不可能所有事情都靠自己做。

要讓這些性質不同的平台發揮最大價值，技術支援是關鍵。因此，卡爾世達攜手外部多家專業的資訊科技公司，讓系統開發流程更聰明也更有效率。

這樣透過跨界結盟、強化本業競爭力的思維，也反映在卡爾世達的「AB雙軌轉型」新創策略上。

黃遠明剖析，「A軌轉型」是以新方法解決既有問題、固化原有生態圈，同時異業結盟更多品牌；「B軌轉型」則是發展新創，瞄準尚未出現的市場，例如面對即將到來的電動車時代，先多點探索潛在機會，找到最大的利基點，再開始投入。

2020年起，卡爾世達的董事會每個月都會固定提撥20%的利潤作為發展基金，規定只能用在投資相關的業務。為鼓勵各事業部門勇於嘗試創新，2021年起，只要是與未來投資相關的經費，都不認列為單位費用，減少各部門在做創新時的損益負擔。

走過一連串的創新實驗，黃遠明仍無時無刻都在擘劃未來可能的創新藍圖：「我們的外部創新很多元，未來如果可以透

過創新投資找到新的機會，我們也很願意嘗試！」

　　提升團隊能力也是卡爾世達轉型的關鍵任務。黃遠明鼓勵主管們吸收新知，除了閱讀雜誌，每年要參加一至兩場論壇。「別人的分享就像火種，可以看到很多不同的做法與新的嘗試，」黃遠明認為，客戶動向與外部產業動態都是很好的刺激來源。

　　從紙本百科打開汽車維修的技術顧問市場，卡爾世達透過整合產業知識、一步步導入管理工具，成了全台灣非原廠汽車保修師傅的大腦。下一步，卡爾世達還要改寫汽車維修產業的規則，為新世代培育出更多的「汽車醫生」。（文／江逸之）

創生觀點 ·························· 總主筆／黃日燦

1. 台灣修車場的黑手師傅，一向多是憑一己之技能與經驗，單打獨鬥，靠勞力賺錢。縱有原廠提供的維修手冊，還是有不少書面無法言宣的眉角，需要靠師傅多年摸索的感覺去掌握。這種絕竅心法，通常只能靠師徒口耳相傳，就像中國自古以來的很多「不傳之祕」，不管是「不願傳」，或是「不能傳」，到後來就真的「失傳了」，甚為可惜。其實，無論是知名美食的廚藝，或是代工製造的工法，或是黑手師傅的絕竅，若能彙整成系統化的知識，不但容易傳授，可以幫助企業擴大規模，更是企業寶貴的智慧財產權，歐美先進國家強調的know-how，就包括了這一類的手藝工法。

2. 卡爾世達創辦人黃遠明從修車廠學徒做起，卻不甘於故步自封，抱著追根究柢的好奇心，拆解汽車維修的每個流程細節，建立精準SOP的汽車維修資料庫，翻轉「經驗至上」的師徒制傳統。他把市面上數百種車型的保修資料彙整成「汽修百科全書」，讓修車師傅遇到問題時能夠按圖索驥，卡爾世達也搖身一變成為靠腦力賺錢的全台最大汽修技術顧問公司，是七千多家保修廠黑手師傅的總教練。小吃名店鼎泰豐也是一個類似的典範，當它把小籠包師傅的「獨門手藝」轉變成結構化的知識系統後，就可透過中央廚房的一貫作業，支撐鼎泰豐在海內外的快速展店，從

倚賴傳統師傅個人廚藝的小店，脫胎換骨成為跨國的龐大美食王國。

3. 2009年卡爾世達看到數位化的趨勢後，馬上全力推動數位轉型和訂閱服務，並停掉「汽修百科全書」的紙本發行，但因誤判客戶需求，未認清眾多保修廠在當時大都沒有電腦，老師傅們也尚未適應上電腦查資料，對「訂閱服務」的模式也一時難以接受，以致客戶續約率狂跌50%，營收慘遭滑鐵盧。幸好卡爾世達能夠及時轉彎，調整訂閱方案和服務內容，最後還是成功地成為首家推行數位資料庫的汽車維修顧問業者。由此可見，數位轉型，不能一廂情願，更難一蹴可幾，必須確認需求，循序漸進，因勢利導，才能水到渠成。

4. 卡爾世達的平台種類繁多，要充分發揮客製化服務的優勢，必須時常借助外部專家夥伴，讓系統開發流程更有智慧和效率。透過跨界結盟，卡爾世達推動「AB雙軌轉型」策略，擘劃下一個創新藍圖。「A軌轉型」代表以新服務去解決既有問題，並加固原有汽車生態圈的服務內涵；「B軌轉型」則是發展新創去瞄準尚未出現的市場。為加速創新步伐，卡爾世達每月固定提撥20%利潤作為發展基金去投資未來，而且規定只要是與投資未來有關的開支都不認列為單位費用，以鼓勵各事業部門勇於嘗試創新。這一連串的創新實驗，頗富新意，值得借鏡。

第 **6** 章

大瓏企業——從零開始的隱形冠軍

闖蕩醫療器材產業
讓自己成為客戶的唯一

　　1985年，當全球個人電腦產業逐步萌芽，台灣廠商紛紛投入個人電腦組裝製造的行列，大瓏企業董事長劉惠珍卻選擇了一條很不一樣的路——醫療器材。時至今日，當電腦大廠正相繼投入醫療電子產品的研發生產，大瓏企業卻早已成為全球電燒筆刀產品的製造龍頭，涵蓋電燒、骨科、急救和微創等應用，生產據點在土城、嘉義及美國，而客戶則清一色是歐美醫療器材大廠。

　　選擇一條人少的路，一路走著，竟然成為隱形冠軍。

　　不過，這家隱形冠軍的創辦人劉惠珍，大學念的是法律，研究所在美國讀MBA，求學背景其實跟醫療產業毫無淵源，對生產製造更是一竅不通，但現在，大瓏卻成了全球電燒刀產品（Electrosurgical Unit, ESU）的最大供應商，市占率已達全球27%，相當於每四支電燒刀就有一支來自台灣。「從頭到腳，從腦神經外科做到骨科，都難不倒大瓏，」劉惠珍說。

　　是什麼讓劉惠珍以先行者之姿投入醫療產業、帶領大瓏團隊成為造局者？原本完全是醫療門外漢的她，如何從零開始，一路向客戶學習、抓住市場脈動，逐步建立起規模與競爭力？在打進供應鏈後，大瓏又憑藉什麼讓客戶不願意更換供應商，進而打造三十多年來不敗的江湖地位？

以小眾市場為起點，先有訂單再設廠

與多數公司的創業模式截然不同，劉惠珍其實是在沒有掌握技術之前，就憑藉對市場的敏感度與行銷專才，先取得許多訂單。1983年她與友人合開了一家貿易商，在美國從事網路線材，後來因緣際會接觸到醫療器材配件，發現到其中潛藏龐大商機，1985年自己在舊金山成立公司。

「我坐在舊金山的一間咖啡館，想了一整個下午，決定了我的一輩子，」劉惠珍回憶說，那個年代多數人都在關注電腦產業，但她希望選擇一個產業門檻較高、競爭較少的利基市場切入。

她深信醫療器材的創新開發可以造福千萬人，因此決定投入當時很少人注意的醫材產業，她巧妙結合自己做過的電腦線材以及懷抱熱忱的醫療產業，切入醫療電燒刀市場。原本電燒刀都在美國本土生產，基於成本考量有外移需求，剛好讓大瓏抓到一個絕佳的市場契機。

劉惠珍列出產業排名前十的品牌，逐一向這些大廠敲門，沒想到很快就打入其中兩家的供應鏈。「當時我去科羅拉多拜訪Valleylab營運副總裁時，他說『我們確實有意向亞洲採購，但台灣已有四家廠商來過了，妳有什麼？』」她回憶。

「我只缺你給我一個做生意的機會，」當時她不慌不忙地回答。大瓏後來靠著在美國就近服務的優勢，順利拿下這家龍

頭廠商的訂單，Valleylab後來被美敦力（Medtronic）併購，但仍持續與大瓏維持緊密關係，至今合作超過三十年。

重視核心價值，設廠位置不是重點

雖然當時組織規模還很小，但MBA背景的劉惠珍，從成立之初就很重視公司目標、核心理念及企業文化，當時她設定了一個願景——要成為「台灣製造的醫療器材精品」供應商，以品質和承諾為經營哲學，建立具備誠信正直與合作精神的團隊，打造專業自信與親和待人的組織文化。時至今日，走過三十四個年頭的大瓏，除了願景提升為「世界級醫療器材供應商」之外，企業的核心價值一直沒有改變過。

大瓏最早是與外部的製造廠合作，劉惠珍當時就覺得公司應該要有長期規劃，有工廠才有「根」的感覺，也才更能掌握品質與交期，因此在公司僅成立兩年時，她就決定返台在新店設立產線。當時有人開口就對她說：「妳穿裙子的，懂什麼工廠？」但劉惠珍沒有因此改變心意，而是去找了八個工程師開始籌備設廠，要用行動來證明：無論專業背景與性別為何，只要有決心、能信任專業人才，就沒有不可能的任務。

1989年5月，劉惠珍前往大陸參訪，在北京恰好遇到天安門學生抗議事件，當時她曾認真評估是否要前進大陸，後來決定將人才、資金與廠房都留在台灣。但面對勞工成本便宜的中

國競爭，導入半自動化生產工具成為設廠的重要決定。差別在哪裡？傳統製程生產一支電燒刀需要一百二十五秒，但大瓏改為自動生產後，每五秒就能生產一支，運送物料也都採用無人搬運車，以此來節省人力成本。

「在哪裡設廠不是重點，重點在於要掌握自己的產品、流程與市場生態，清楚自己的優勢，」她對大瓏的生產布局下了這樣的註解。

掌握醫療產業生態，建立生產履歷

「1987年我們開始在台灣徵才時，正好遇到房地產的多頭行情，面臨嚴重的缺工問題，我認為其他狀況都不會比這個更糟了，」總結這段辛苦的經歷，劉惠珍強調：「很多事情的成敗都在堅持。」不管是自建廠房、設立半自動化產線，或者建立生產履歷，只要是該做的事，不管公司規模大小，也不管有多麻煩，她都堅持要做下去。

舉例來說，醫材產業向來很重視可追蹤性，像是每一批產品採用何種材料？什麼時間製造的？哪一台機器生產的？這些都必須完整掌握，因此大瓏一開始就建立了完整的生產履歷，從最初的手工填寫到後來的電腦紀錄，所有流程數據都清清楚楚保留下來。

另一方面，醫療產品所需的品質系統認證，大瓏一個也沒

有少。不僅在公司方面取得了FDA QSR、DNV ISO 13485、台灣GMP和日本JGMP等認證，相關器材及配件也具備美國FDA 510K、歐盟CE Mark、加拿大CSA及台灣等地的上市許可。對大瓏來說，所有的產品品質與製程都要跟上產業及客戶的嚴格規範，包含不斷出現的許多新規範，如歐洲《醫療器材法規》（Medical Device Regulation, MDR）。她強調，「『合規』是醫療產業的天然門檻，不管更換材料還是製程都要報備，而大瓏早已建立好這些制度，就有一定的供應商優勢。」

醫療產業的另一個特性，是客戶的集中度很高，約有一半的市場掌握在前2%至5%的客戶手中。從某個角度來說，對特定客戶的依賴度就很難降低，自然有其風險，但另一方面，如果能與客戶建立良好關係，就能跟客戶一起學習成長，持續提升精進。「能有現在的成績，都是慢慢堆疊而成，很多都是被客戶磨練出來的，」劉惠珍認為這是大瓏成長的關鍵。

平衡「客戶集中度」和「產品多樣化」

在外界看來，可能會覺得大瓏一路都走得很順暢，似乎沒有遭遇特別的困難或成長極限，甚至沒有虧損過，但大瓏其實也曾面臨一些營運的轉折，比如最早承接的國際大廠訂單，都是電燒刀的電線半成品，為了說服客戶將整個成品都交給大瓏代工，劉惠珍從1990年起每年都寫提案給客戶，連續寫了

五年才獲得採納，最終客戶同意採用第二品牌的模式，另外開出一條產品線，才讓大瓏成功從零件代工晉級到原廠設計製造（Original Design Manufacturing，下稱ODM）。

1990年代末期，大瓏成功切入貼牌市場，即原廠委託製造（Original Equipment Manufacturing，下稱OEM），獲得另一家美國醫療器材大廠的訂單，也迎來新一波營收成長期，但2003年這家客戶卻突然退出醫療電燒器材市場，讓公司營收瞬間掉了一成。為了避免重演這種狀況，大瓏決定力求產品與客戶的多元化，希望降低對單一客戶的營收比重，但卻在客戶過度分散、產品庫存增加、成本偏高的情況下，大幅稀釋了獲利能力，營收也再度出現負成長。

經歷這兩次的震撼教育，大瓏重整旗鼓，嘗試在客戶集中度與產品多樣化之間取得平衡，一方面服務好老客戶，一方面適當擴充新產品及新客戶，這讓大瓏很快又回到成長軌道。

面對產業環境的變化與中國廠商的競爭，大瓏能夠在醫療器材產業屹立不搖，其中一個關鍵就在於「精一哲學」——專注於自己專精的事情，不能當世界第一，但可以當客戶的唯一。劉惠珍強調，「我們的客戶都是市場領導廠商，不僅領先推出新技術與新產品，還可以分享產品策略及市場定位。」因為跟這些客戶長期合作，大瓏將這些產品知識和組織運作流程都內化成自己的知識，甚至師法他們建立類似的企業文化與工

作流程，從客戶身上汲取成長的養分。

致力新產品研發，生產基地狡兔三窟

　　目前大瓏在電燒筆刀產量的全球市占率達27%，穩居市場龍頭，但仍積極研發新產品。目前產品已涵蓋神經外科（Neurosurgery）、腹腔鏡和關節鏡（Laparoscopy & Arthroscopy）、塑身與泌尿科（Body Sculpting & Urology）以及骨科（Orthopedic）等領域。

　　劉惠珍分析，電燒刀已是成熟產品，因此大瓏會持續整合各家產品的優勢，提高其附加價值，讓它變得更便宜、品質更好；另一方面，也要力求產品多元化，從一般外科切入各種專業領域的醫療器材。現在，大瓏每年會推出三十幾款新產品，如果不受疫情影響，每年都要維持25%的營收成長率。2021年的營收約為30至40億元，預估到了2028年可達60億元，屆時新產品的營收比重可達整體的一半。

　　為了因應未來新產品成長與新客戶擴充的需求，大瓏已於

大瓏企業小檔案

經營團隊：董事長劉惠珍
成立時間：1987年
資　本　額：5億元
主要產品：外科手術用電燒機／刀及其配件、微創手術器材、急救AED配件
耗材、骨科器材與超音波治療設備

2018年在美國內華達州的雷諾市（Reno）購地二十英畝，建立美國設計與營運中心，包括廠房、研發設計中心、發貨倉庫及維修中心，預計2022年3月完工，就近供貨及服務當地客戶，在美國持續擴大市場版圖。

另外，大瓏2016年就在嘉義馬稠後工業區投入5億元，籌建新廠、辦公大樓、員工中心和環氧乙烷（ETO）滅菌廠，並於2019年起陸續啟用，連同原本土城總部的廠房，生產基地已經遍及台美三地，對劉惠珍而言，這樣的「狡兔三窟」可以降低風險，同時增加對當地市場的瞭解與服務。

投入培育醫療新創，回歸市場角度思考

「我在整個創業過程中，一直都很幸運，沒有遇到特別的難關，因此希望能成為新創公司的天使，」基於這樣回饋的心態，劉惠珍在2015年成立大盈國際投資（ForMed Ventures），募集2,000萬美元的基金，投入培育醫療新創公司。

她坦言一開始不太懂創投，但後來找了專業團隊一起研究，先從建立策略開始，針對產業與市場的趨勢，設立一些投資標準，也常與一些企業家及創投夥伴交流討論，目前大盈的投資標的已涵蓋醫療診斷及治療器材，從早期的A輪投資開始，希望能占有一定股份，並在董事會上取得席次。

大盈主要的投資標的在以色列與美國，劉惠珍觀察，兩地

的新創生態有不少差異，美國是從0到99，更具有原創性；以色列則是從1到99，將既有的研發創新改良後再大量商用化。比較特別的是，她的初衷是希望以自身經驗幫助新創公司，因此並不在意新創是否能對大瓏產生具體效益，但後來發現到，當大瓏去協助醫療新創公司熟悉產業的語言及相關法規時，反而能讓自己在尋找夥伴及開發客戶方面更事半功倍，獲得意想不到的效益。

現在，大瓏已經投資孵化兩家公司，包括浩宇生醫（NaviFUS）及科脈生技（Clearmind），浩宇生醫主要開發聚焦式相位陣列超音波技術，目前已經計劃公開上市（Initial Public Offering, IPO）；科脈生技則是結合大立光的鏡頭、緯創的面板和大瓏的電燒刀模具，開發出血性腦中風手術裝置。「我們會評估產品是否有發展潛力、客戶有沒有需求，一切都要回歸市場角度去思考，否則做出來也只是孤芳自賞，」劉惠珍強調。

跳代尋找接班人，邁向新營運高峰

劉惠珍在去年六十五歲時正式交棒，但她其實早在十幾年前就啟動了接班機制，物色合適的接棒人選，也在內部推動「大手牽小手」計畫。目前大瓏的經營團隊已經涵蓋三個世代，她不斷與第一個世代及第二個世代的主管溝通，希望他們

能夠扮演「導師」及「育成」的角色，協助下個世代的同仁加速提升與精進。

　　經過長時間的觀察，她以「誠信正直」為主要的考量標準，選擇了大學畢業就加入團隊、現年僅三十幾歲的執行長接班。之所以跳過一個世代，主要跟她自己也是二十幾歲就創業有關，希望接班人能夠站在企業既有的基礎上，帶入新的能力與特色，與既有團隊攜手邁向另一個發展階段，繼續將大瓏「台灣製造的醫療精品」推向全球各個角落。（文／沈勤譽）

創生觀點 .... 總主筆／黃日燦

1. 大瓏創辦人劉惠珍，大學念法律，研究所讀MBA，毫無科技專長和產業經驗，卻敢一頭鑽進電燒刀醫材行業，又能持續茁壯做到隱形冠軍。可見，事在人為，有心的話，外行可以變內行。台灣很多老闆當年創業時都有這種「無中生有」的衝刺勇氣，現在家大業大反而瞻前顧後，不敢輕易跨越跑道、嘗試錯誤。

2. 大瓏從一開始就講究市場導向，挑選了當時不太受人注意的醫材產業，切入門檻較高的電燒刀利基市場，貼近客戶建立長期合作關係，從零件代工、ODM設計製造到OEM委託製造。一路走來，大瓏的願景也從「台灣製造的醫療器材精品供應商」提升到「世界級醫療器材供應商」。願景提高，格局放大，公司也就跟著成長，可說是「心到那裡，事業就到那裡」的最佳見證。

3. 大瓏重視企業文化核心價值，以品質和承諾為經營哲學，建立了誠信正直和緊密合作的團隊。為了傳承交棒，大瓏在公司內部推動了「大手牽小手」計畫，最近更是跳代選擇了年僅三十幾歲的執行長作為劉惠珍董事長的接班人，頗有新意，也可見用心良苦。

4. 成立三十四年來，大瓏的內部凝聚力非常強固，在本業上似乎都是倚賴自我成長的右腳，較少考慮運用外部併購的

左腳。2021年營收約為40億元，預估2028年可達60億元，每年25%的營收成長率，從自我成長的角度看固然不錯，但若再加上外部併購，成長力道應更強勁。以大瓏卓越的經營體質，應可嘗試雙腳並用，俾能發揮綜效，以收如虎添翼之功。

5. 大瓏雖然沒有運用外部併購，但卻有進行新創投資，在2015年就成立企業創投（Corporate Venture Capital，下稱CVC）公司，投入培育醫療新創，從協助新創的過程中發現，這對自己在尋找合作夥伴及開發客戶方面都更加事半功倍，助人助己，相輔相成，「老創加新創」的確能相得益彰。

第 **7** 章

安口食品機械——把製造業經營成服務業

掌握轉型三部曲
跨越疫情深耕全球

　　提到三峽老街，許多人可能會想到匯聚在那條傳統觀光街屋的地方市集，而隱身於此的，還有一家掌握了全球三百多項食品配方、產品從俄羅斯賣到阿根廷、銷售網絡深入一百一十二個國家的中小企業——安口食品機械。雖然僅有一百多名員工，業務能量卻是所向披靡。

　　創立於1987年，安口是台灣最大包餡機設備供應商。經歷兩代的經營，這間企業四十三年來不斷地推展數位轉型，從思維到技術、從組織到系統，持續優化經營方針。自2020年新冠肺炎（COVID-19）肆虐全球的這段期間，當其他食品廠商皆因為訂單衰退而哀鴻遍野時，安口的機械訂單卻逆勢成長。這究竟是如何做到的？

　　「安口很早就投入了網路行銷，」二代接班的總經理歐陽志成說。在父親歐陽禹的操盤下，安口自組團隊鑽研網路行銷，在1996年就透過網路把產品賣到全世界。現在，安口有八成客戶來自網路銷售，這是因為它擁有四十多個語言版本的官網，每個月吸引超過一百九十個不同國家與地區的訪客，成績亮眼。

　　歐陽志成延續父親開放進取的精神，選擇在經營狀況很好的時候啟動轉型大計，將數位應用從銷售端延伸到訂單篩選、生產效率、客戶服務，以及庫存控管等面向，不斷優化管理機制，使安口得以在多變的環境下維持競爭力。

不過，推動組織轉型絕非易事，歐陽志成在過程中也歷經失敗與波折，透過反覆試誤，最終才逐步掌握到由「組織、流程到系統」的關鍵心法，完成行銷、生產及業務流程的轉型三部曲，為公司朝向製造服務業的下一波轉型備足能量。

跨足數位行銷，拓展全球銷售版圖

安口早期從全自動芽菜培育機起家，後來陸續投入各種中式包餡食品的機械設備，包括春捲、燒賣、餛飩、包子、珍珠粉圓、水餃和蔥抓餅等自動化設備，自1990年代起又跨足世界不同種族的食品，連可頌、甜甜圈和墨西哥捲餅等異國點心都難不倒它。

食品機械業與網路行銷看似平行時空，但安口卻早在1996年就站上第一波風口，而且確實嚐到了網路紅利的甜美果實。深究原因，來自於經營者的思維。

非技術出身的歐陽禹深信，「客戶想買的比公司想賣的更重要」，樂意嘗試新事物的他於是以顧客關心的「食品」而非

安口食品機械小檔案

經營團隊：董事長歐陽禹、總經理歐陽志成
成立時間：1978年
資 本 額：4,000萬元
主要產品：自動化食品製造機械設備

自己賣的「機器」作為行銷賣點。在跨足網路行銷之後，摸索出一套專屬的數位行銷策略，翻轉食品機械業習慣參展與親訪的傳統銷售模式。不僅大幅節省參展費用，更打破了時間與空間的限制，獲得來自五大洲一百多個國家的訂單。

「後來，包括白俄羅斯、馬達加斯加、模里西斯、摩爾多瓦這些過去根本沒有想過的市場，都有安口的客戶，」現在，安口的官網平均每月有三到四萬訪客，其中五至六成是新訪客，如此亮眼的成績，一度讓歐陽志成也感到不可思議。

從失敗修正思維：導入系統 ≠ 數位轉型

但這只是第一步。雖然網路行銷為安口開拓了穩定的客源，但2010年之後，公司的營收成長開始停滯，這讓自2009年加入公司、2014年接掌總經理的歐陽志成認真思索，安口是不是應該做一些改變了？

他坦言，「當時公司每年都列出營收成長5%至10%的目標，但所做的事並沒有什麼不同，」於是，歐陽志成決定先從自己擅長的設備及研發流程著手轉型。

2011年，安口決定導入ERP系統，第一次導入時，由於缺乏相關經驗，很多生產管理的問題並未做流程的確立及優化。當時，歐陽志成以自己的想法和概念去設計料號的編碼原則，結果卻導致員工額外增加許多工作量。例如，有員工為了填寫

系統表單，得將零件拆解再組裝，結果反而延宕結帳時間。

　　起初，ERP系統是想達成帳料合一、財務日結這兩個財務目標，但是在系統上線並運作了幾年之後，卻發現帳料的數字落差越來越大，結果不但沒有解決痛點，反而必須花更多時間去滿足系統的要求，這才讓歐陽志成意識到，問題出在工作流程，而非員工不適應系統。

　　「當時好像只是買一個看起來很厲害的系統而已，買了之後就希望同仁去符合系統規則，但大家其實並不知道這套系統的價值及運作邏輯，只是將它當成記錄資料的工具而已，這對組織來說未必是一件好事，」歐陽志成談起系統導入失敗的原因，對疏漏之處有很深刻的檢討。

從組織調整做起，讓小勝激勵同仁改變

　　後來，歐陽志成在二代大學創校校長陳來助的協助下，逐步掌握數位轉型的正確觀念——從「組織」開始改變、接著調整「流程」，最後才是導入「系統」，流程的順序非常重要。

　　這次的經驗也讓歐陽志成學到非常寶貴的一課：直接從最後的「系統」開始著手、期待同仁作業流程及整個組織去配合系統規格，正是導致失敗的原因。

　　有了轉型的正確觀念，還需要從人心做起，給同仁成功的信心。例如，先找到一群椿腳，透過小規模試驗，摸索出合

適的流程與方法，從內部取得小勝，創造正面效益給予大家信心，然後再擴大辦理。

為了做好「產銷協調」，安口在2015至2016年重新導入ERP。為此，歐陽志成花了很多時間去瞭解採購、生產、研發和業務等環節的基礎工作，同時也設定降低存貨、提高生產效率等明確目標。在重新梳理流程後，根據客戶需求及對產業的熟悉度，開始去做市場分析與銷售預測，透過產銷協調進行生產排程及採購，避免高估需求。

「大部分的業務在預估訂單時就會多抓一些量，加上採購人員為了避免缺料，生管人員考慮良率問題，也會各自多抓一些零件採購的數量，」歐陽志成解釋，「而且為了方便，不管交期多長，大家都在同一個時間點下單，這樣就會造成存貨過多、周轉率偏低，」而ERP系統解決了這些問題。

ERP系統讓採購同仁可根據不同的交期發單，並交由系統自動執行，去管制零件採購的前置時間及供應商。在這套系統正式上線後的三個月，存貨大降30%，交貨期也從平均四十五天減為二十八天，成績斐然。

改造管理程序，以銷售預測優化資源配置

ERP系統建置完成後，安口趁勝追擊，又引進CRM系統，希望解決業務管理上缺乏SOP的問題。

　　由於食品機械產業除了標準化設備以外，還有許多的客製化需求，對企業而言，這是優勢也是負擔。安口平均每個月會從官網收到六百至七百封詢問函，若業務部門未經過審慎評估，或未先確認客戶有足夠決心投入研發，就去請研發部門報價，不僅會耗費很多資源及時間，甚至還會排擠到年度研發案及長期客戶的資源。過去就曾經發生過一年報價一百多件，最後成交僅有三件，這就讓同仁做了許多白工。

　　為了讓資源分配最佳化，歐陽志成決定透過系統來協助業務人員建立標準化的判斷基準，藉此評估個別客戶的需求迫切度與投入研發的真實意願，精確度達七至八成。

　　2014年安口在美國成立分公司，2016年就有美國同仁建議採用CRM系統，經過美國小規模試用後，發現成效不錯，「因為它可以針對每個銷售階段去優化，例如客戶在我們網站停留多久會下單、在每個階段需要的資訊各是什麼，」歐陽志成說，「有了這些資訊，我們就可以重新配置資源。」

　　2016至2017年安口正式導入CRM系統，經歷反覆試誤，訂定出了每個銷售階段應有的流程與可動用的研發資源等規範之後，依循「組織、流程、系統」三步驟，終於在2018年順利讓CRM系統發揮效用，讓業務能夠清楚掌握新舊客戶的平均成交週期，更有效率地安排研發資源。而這也讓產銷協調變得更容易，每個月只需開會半小時，效率極高。

在導入ERP及CRM系統之後，安口的管理效益、成本及費用率都有很大改善，現金流壓力及庫存水位也越來越健康，為後續的擴張及成長奠定良好基礎。

強化核心競爭力，讓服務成為致勝關鍵

歷經一連串的轉型，安口已從食品設備製造廠轉型為食品解決方案供應商。不過，以食品製程來看，食品成型還是最重要的環節，因此安口的核心產品仍是包餡機，以此為延伸更多服務，比如協助客戶建置食品工廠產線。

值得一提的是，安口累積四十多年客戶服務經驗，成立食品配方實驗室，分析不同食材及配方，建立各國飲食資料庫，若客戶需設計製作不同食物，都可付費購買這些配方。

提供配方之外，安口也持續開發更多元化、客製化的食物設備。歐陽志成希望提供客戶可負擔又能安心吃的食品設備，若種族食品能傳到全世界，全球各地移民就能夠嚐到自己的家鄉味，而各地民眾也能吃到不同國家的美食。

安口現階段的客戶範圍廣泛，交易的價格帶從新台幣30萬到幾千萬都有，「涵蓋國產車到超跑，」歐陽志成笑著說，「因為我們的服務類型很多樣，小餐廳我們可以協助他們購置設備創業；大餐廳可以幫他們建置中央廚房；食品廠則可協助其建置整個工廠。如果有需求但沒有預算的客戶，我們也可以

幫他們介紹代工廠。」

不畏疫情變局，應變力讓訂單逆勢成長

從提升客戶體驗出發，安口提供的不只是產品，更是服務。透過「組織、流程與系統」的改造，安口不僅優化了企業內部的營運效率，也大幅提升了服務的效能與回應外在變局的應變能力，透過彈性的工作流程，有效運用數位工具，在疫情重擊全球產業與市場環境的逆境下，訂單反而逆勢成長。

歐陽志成表示，在2020年第一季疫情爆發之初，訂單確實有受到影響，尤其歐美市場在4月、5月急凍，需求明顯下滑。為此，安口很快就調整了銷售策略，將銷售的重心從高單價的機械產品轉移到冷凍食品。「因為疫情不能出差、國際商展停辦，新客戶不容易試機及交機，但宅經濟爆發一定會帶來冷凍食品的需求，」他表示。

顯而易見，在疫情衝擊下，要開發新客戶是難上加難，因此安口將焦點放在舊客戶身上、定期詢問大客戶與大市場的需求。並且從2月、3月就及早提高產能，果然從6月至9月開始訂單就一路回升，在歐美地區的業績甚至暴增二十倍。舊客戶所占比重達到七到八成，遠高於過去平均的五到六成。

而當人員因疫情無法出國交機與維修，該怎麼辦呢？對於這個問題，安口則可以透過遠端視訊或擴增實境（Augmented

Reality, AR）來協助客戶排除故障或裝機。早在2017年，他們即投入物聯網應用，只要鎖定特定的零件，透過感知器偵測震動頻率，就能找出問題，不再需要像過去的維修一樣，得去察看上千個零件。

同時，安口也打造了完整的售後服務管理系統，客戶只要透過應用程式（Application，下稱App）或官網就能收到疑難排解的方案，或直接將問題拍攝下來，交由客服人員即時回覆。如果需要訂購零件，也能在系統上找到最新的型號，比起過去透過電話來回確認需求更有效率。

現在，安口不僅能提供遠距維修與裝機服務，還能為客戶預測機器的壽命，實現「最好的售後服務就是不用售後服務」的目標。歐陽志成笑著表示，「對於我們的客戶來說，這些機台就像是『印鈔機』，最好永遠不停機！」

相信才會看見，接受改變所以持續進化

談及一路走來的心情，歐陽志成對於推動組織轉型最大的心得就是「裝睡的人叫不醒」，如同《變革抗拒》（*Immunity to Change*）一書所言：面對改變，通常抗拒的力量是非常大的，首先要過得了最大靜摩擦力，也就是「我為何要改變」。他犀利地指出，組織變革最困難的就是要說服夥伴。因為當人沒有察覺自己不好時，是很難去改變的。

　　「改革的人認為『相信才會看見』，但大部分的人都是『看見才會相信』，」歐陽志成說。為此，安口從小規模驗證開始做起，在取得一些小小的成功之後，讓看見的人開始相信；等到「成功」越來越多，累積到一個臨界點時，大家就會認為「改變是理所當然的」，這時，就會產生足夠的力量去推動轉型。

　　放眼未來，安口將持續切入研發新產品與開拓新市場。「新產品」意指從核心的產品包餡機再去往前後段延伸，像是2021年計劃推出的X光加工檢測機，就是要透過產線自動化終端檢測，提高食安品管標準，同時，也提高食品解決方案的客單價金額；「新市場」則是鎖定尚未開發的國家或食品類型，持續突破，繼續朝向「讓全世界都能享受安心可口美食的推手」的目標邁進。（文／沈勤譽、李妍潔）

創生觀點⋯⋯⋯⋯⋯⋯⋯⋯⋯⋯⋯⋯⋯⋯⋯ 總主筆／黃日燦

1. 安口很早就抱持「以客為尊」的思維，深刻體認到「客戶想買的比公司想賣的更重要」，所以能夠從傳統食品設備製造廠的紅海，成功轉型到食品解決方案供應商的藍海。

2. 安口也很早就投入網路行銷，並進而推動數位轉型，歷經失敗波折後，學到了「組織、流程到系統」的關鍵心法。的確，數位轉型有其步驟軌跡，必須按部就班，循序漸進，否則欲速則不達，未見其利，先蒙其弊。

3. 安口轉變策略思維，重新定位自我：一方面從機械設備延伸至全流程的作業系統，發展出維修檢測的服務，相當程度地跨入智慧製造；另一方面在與客戶協作過程中發展出各種食品配方，進而建立了各國飲食資料庫，從設備製造商衍生出具備食品配方領域知識（domain knowledge）的資訊服務商。雙管齊下，安口持續朝向「讓全世界都能享受安心可口美食的推手」之目標邁進。

4. 「裝睡的人叫不醒」，抗拒變革是企業轉型升級的最大障礙。如何說服大多數人接受「改變是理所當然的」，是企業脫胎換骨的關鍵門檻。

第 **3** 部

擴大產業生態圈

只看碗內，不會更強大，必須開放自身資源、鏈結外部盟友，
建構生態圈，用「鏈結力」超前布局客戶各種場域應用的需求

第 8 章

全家便利商店──不受限制的「老二哲學」

玩轉變動宿命
用科技解決未來問題

　　1988年12月2日，全家便利商店第一間店在台北車站商圈開幕，是日本全家建立的第一個海外據點。同年，也可以稱為台灣流通業元年，在全家正式成立之前，包括安賓（am/pm）和福客多等便利商店也已成立，台灣的流通業進入第一波新零售時代。

　　那兩年，正是全球貿易環境產生極大變動的時刻。1986年由於美日簽訂《廣場協議》（Plaza Accord），日幣對美元大幅升值，同時帶動了台幣兌美元從40:1遽升到25:1，傳統製造業苦不堪言，開始陸續外移。

　　1987年，台積電成立，開創全球晶圓代工新模式；同年，由於台灣解除對外資的管制，外商也紛紛進入台灣市場試水溫，太平洋建設集團與日本崇光百貨（SOGO）合作，太平洋崇光百貨（簡稱太平洋SOGO）在1987年正式開幕，帶動百貨流通業的劇烈轉變。

　　就在這樣的大環境氛圍下，全家與超商界的大隊新兵共同起跑。當時，台灣有已成立十年的統一超商，雖然仍是統一食品的一個事業單位，但畢竟已有先行者優勢與品牌知名度。全家便利商店董事長葉榮廷笑說，因此，消費者心中的印象是「統一和其他超商」。

市場老二的宿命：不斷找尋創新的可能

　　創立之初就有一位遙遙領先的大哥，已經有一百多家店的基礎，如何在同時起跑的諸多便利商店中脫穎而出成為領先群？「我們是second mover，如果一直跟著前人的做法，大概走不出一條路，」全家便利商店會長潘進丁從不諱言，身為市場老二，「必須不斷研究，找尋各種創新的可能性。」

　　一路走來，全家有許多創新的商品與服務，從停車費代收、賣霜淇淋、烤地瓜到超商取貨等，都是帶動產業轉變的成

全家便利商店小檔案

經營團隊：董事長葉榮廷、總經理薛東都
成立時間：1988年
資　本　額：22.3億元
營收比重：零售業務（93.1%）、物流業務（4.5%）、其他（2.4%）

近五年營收與EPS

功創新。全家很早就開始銷售冷藏便當和三明治，甚至賣過手機、做過水電維修，這些嘗試有些是草草收尾，有些曾讓全家重重摔跤。不過，勇於創新的精神至今沒有改變。

「為了求生存，老實說，我們是比較敢挑戰，」葉榮廷舉例，連表面上看起來簡單的賣地瓜，都經歷一段痛苦的過程，才終於找到解決方法。原因是，地瓜品質受限於產季有極大差異，全家販售的台農五十七號，農曆11月到隔年3月最好吃，過了產季之後纖維粗又多，口感差別很大。葉榮廷說，剛開始時不明白，原本很受歡迎的產品，怎麼忽然之間湧來一大堆客訴？為了突破季節對於地瓜品質的限制，只好到處請教專家並且跟廠商討論，該如何保存、怎麼烤，才能維持一致的甜度和口感。

關鍵決策一：設立物流中心

成立至今三十多年，正好也是台灣從「柑仔店」時代進入「電子商務」的關鍵時刻，全家如何始終穩居零售業浪頭？

潘進丁與葉榮廷一致認為，在只有八家店的時候就獨排眾議設置物流中心，是相當關鍵的決策。「其實當初用理性思考是不應該做的，」1988年加入全家擔任第五店店員的葉榮廷回憶，「比較強勢的廠商還會說『我的配送車比你多，為什麼要把貨送到你們的物流中心？』開始時怎麼談都談不通。」

　　潘進丁分析，這個決策的關鍵思考在於：究竟應該在規模還小的時候就做好基礎建設？或者等到真正有需要時再開始進行系統建置？

　　以全家而言，由於一開始就從日本學習建立系統，「先建系統把基礎建設做好，」潘進丁指出，這是日本流通業的經營方式。例如，當時台灣還沒有條碼系統，全家就開始研究如何簡化營運複雜度，甚至自行找永豐餘印製商品條碼，發到門市，要求門市人員使用條碼來訂貨、銷售與庫存管理，每家分店裡面都有一本條碼簿，用來對照商品名稱與條碼。

　　剛開始做這些事情，看在外人眼中頗有「殺雞用牛刀」的感覺，但卻也因為擁有自己的物流系統，使得日後在營運調度，甚至開展電子商務時，都能掌握先機，從大隊便利商店新兵中脫穎而出。

　　潘進丁分析，無論是像亞馬遜一樣從科技業跨界而來的「非典型零售商」，或擅長從原料、商品製造一路到銷售的實體零售業者，在全球運籌（Global Logistic）的發展下，物流一定是兵家必爭之地。在2020年新冠疫情席捲全球之後，物流的重要性更為明顯。

關鍵決策二：開放加盟

　　第二個關鍵點，葉榮廷認為是大量開放加盟。全家從1990

年就開放加盟店，大幅加快了展店速度，目前台灣全家的加盟店比例約90%，與日本相差不多。在某些產業，開放加盟常令人擔心品質難以控管，但若從結果來看，加盟店對於便利商店有很大好處。

「大家以為做加盟會有經濟規模，加盟主會幫你帶錢帶人創造流量，其實完全不是，」葉榮廷說，從全家的經驗來看，「你必須想方設法要進步，加盟主會逼著你非進步不可，」葉榮廷說，成長其實是被逼出來的，「一個是被加盟主逼，一個是被同業逼的。」

第二個好處，則和工作人員的穩定性與職涯有關。便利商店能覆蓋的商圈很小，以前還有大概五百公尺，現在估計只剩一百公尺，也就是說，一般人大都只會到離家一百公尺內的便利商店消費。正因為商圈覆蓋面積小，所以店主必須要深耕商圈，跟附近的居民保持良好的關係。葉榮廷進一步指出，當然這點理論上直營店也做得到，但如果聘請一個員工在那個店待兩年，沒有晉升，這個員工肯定就辭職，一切打掉重來。

加盟店的好處，通常合約長達七年甚至十年，所以加盟主只要願意用心經營，附近商圈的人沒有不認識的。葉榮廷舉例，甚至娃娃車送小朋友回家時，家長臨時有事不在，還會打電話拜託附近的店長幫忙帶一下孩子，「大概就是這樣的鄰里關係，這是書本上完全不會寫的。」

關鍵決策三：重新定義「便利商店」

便利商店在台灣發展的第一個階段，是以食品和日用品販售為主，早期也有很多報紙雜誌，後來又增加便當和飯糰等鮮食，但其實各家超商差別不大。要如何做出自己的特色與差異化？全家回到便利商店的本質思考，「便利商店，顧名思義就是需要便利，」潘進丁說，於是他們開始研究在這個小小的商圈裡，消費者生活上還有什麼不方便？這個思考，使得全家從「追求便利性」進入「提供差異化商品及多樣化服務」，也重新定義了「便利商店」。

葉榮廷表示，當時員工到日本觀摩，發現日本的便利店會代收一些單據，這給了大家靈感，回來之後就找銀行討論是否能夠代收費用。溝通一輪之後，雖然有兩家規模相當大的銀行很感興趣，但苦於財政部不肯答應。努力了一年多，最終仍無功而返。

直到1997年在陳水扁擔任台北市長時，轉機出現，台北市希望改革停車費的收費方式，找通路代收路邊停車費。問題是，停車單上並沒有條碼，手續繁瑣、單筆金額又小，所以一開始沒有通路願意接手，全家自告奮勇成為第一家提供代收服務的便利商店。從此開始，逐步延伸到電話費、電費、水費、學費與信用卡帳單，現在甚至連社區的管理費都可以代收。很快地，代收的服務從全家擴大為所有便利商店的必備服務。

這個改變是台灣便利商店發展非常重要的一步。葉榮廷說，純就獲利而言，代收的手續費並不多，但是人流帶來的併買率大概20%，也就是繳費同時順便購物的人大約有兩成，不容忽視。其次，代收也改變了便利商店的獲利模式，「台灣便利商店的密度這麼高，就是因為有代收作為支撐。」葉榮廷說，也由於代收建立起來的收費系統，加速了台灣電子商務發展，「大約有七、八成的網購消費者選擇在超商取貨，是大家心目中的首選。」

便利商店的功能就此逐步擴張，不再只是方便買東西的地方，而成為「街區服務中心」，這是最關鍵的轉變。大約在2000年左右奠定了基礎，民眾也養成到便利商店購買食物和日用品的消費習慣，潘進丁稱之為「便利商店在台灣取得公民權」。這一年，全家正好達到一千店。

累積錯誤，兩大學習摸索出成功之路

從零到一千，除了眾所皆知的幾項重要成功創新之外，全家也從多次失敗中學習到不少功課。

「我早期在店裡面工作，非常清楚店裡的變化，」葉榮廷說，早期做便利商店想的是「我要賣什麼給顧客」，全家既然是日商設立的公司，一開始必定是將日本販售的商品導入。「店裡大概40%是進口商品，顧客根本叫好不叫座，」他強

調，這種以內需為主的零售業，就需要本土化，「沒有本土化不行！」這是全家營運初期學到的第一個重要功課。

潘進丁說明，這牽涉到「標準化」與「在地化」的取捨，像便利商店以販售加工食品與日用品為主，要滿足消費者對於「便利」的需求，一定要瞭解當地的生活模式、要接地氣。但是像星巴克（Starbucks）這樣的咖啡連鎖店，則可以先走標準化路線，再慢慢加入當地特色，和便利商店的模式不一樣。

第二個學習是，有些事雖然對，從國外的例子來看也會成功，但如果時機不對，離消費者的需求太遠，同樣會失敗。例如早在1988年全家就開始賣日式的十八度冷便當。這在日本沒問題，但與台灣的生活習慣不合；用微波加熱嗎？又覺得不安全，「隔壁麵攤現煮的比你還便宜、還好吃，」葉榮廷說：「所以我們大概賣倒了兩家便當工廠。」但現在便利商店不只能賣便當，還有牛肉麵、各式湯品甚至麻辣鍋都沒有問題，「消費需求就是這樣在演進的。」

全家便利商店最知名的一堂功課是賣手機。當時手機剛出現，內部研究過後認為，3C產品的單價跟毛利高，且完全規格化、不需要店員再加說明，很適合超商販售。不料投入大量資金進貨之後才發現，3C產品的更新速度快，還沒來得及開始賣，新型手機已經上市，舊機根本賣不掉。但由於全家已經買斷整批貨，所以這個決策造成公司非常大的損失。葉榮廷笑

著說，如果不是全家有容許犯錯的創新精神，「我們早就被砍頭了。」

潘進丁說，從這個單一事件學到了，3C產品不要實體上架進貨，最好是預購，客人先訂再到店取貨，所以基本精神還是賣服務而不只是賣產品。最重要的學習則是，決策不可脫離消費者太遠。

相當熟悉日本的潘進丁說，日本有一句話叫「半步行」，意思是領先半步就好，「比消費者領先太多的話，接受度還不到的時候，學習成本會太高，」這是全家從各種錯誤中所學到的重大課題。

不為數位而數位，用科技解決「未來的問題」

以街區商圈與消費者需求作為經營核心，全家便利商店的數位化在這幾年讓消費者們相當有感，例如手機預購咖啡，不僅取代過去的紙本登記，還可以隨時送給親友或同事，只要帶著手機，就能在全台灣各店領取。不過，葉榮廷強調：「我們不是為了數位化而數位化，而是在想未來會碰到什麼問題。」

葉榮廷指出，像高齡化社會是一個可預見的未來，原本便利商店主力消費客群是二十幾歲到三十九歲，年輕人一週來店超過五次，六十歲以上的大概只有三次多一點。但台灣年齡中位數目前已經超過四十歲，所以一定要扭轉局勢。

　　還有人口結構造成的缺工問題，十八至六十五歲的勞動人口平均每年減少十六到十八萬人，但是便利商店是勞力密集的產業，這個可預見的未來又該如何面對？

　　當然談流通業最重要的趨勢就是網路購物崛起，新冠疫情之後，「我們覺得它是回不去的，對消費行為是不可逆的，」葉榮廷分析，當網路購物成為消費行為的常態後，實體零售業者必須思考的就是，「我要被排除在外還是要介接？」

　　新科技快速發展使得商業模式不斷翻新，過去成功的經營模式在未來不見得有用，因此全家在定義問題之後，就設定了一些目標，而數位化則是用來達成目標的方法。全家推動會員制就從這個概念出發。

　　首先，經營顧客的終身價值，是全家希望能夠達到的目標。葉榮廷說，過去經常是「開發一個商品想賣給很多人」，但現在希望做到的是「賣很多產品給同一個人」，要解決的問題就跟之前完全不同。「你認識他嗎？你瞭解他嗎？你在乎他嗎？他喜歡的是什麼？」葉榮廷連問了幾個關鍵問題，而這些都必須從顧客辨識開始著手。

　　「一開始我們還想要投機取巧，」葉榮廷口中的「投機取巧」，指的是希望以合作方式讓別的企業把會員帶進來，但很快發現別人根本不願意分享資源。「我們就想，與其靠別人，不如自己來。」這個轉念，促成了全家開始做自己的會員，透

過App的開發與應用，不僅解決客戶痛點，還提升會員的忠誠度與其他附加價值。2021年全家的會員數已經突破一千三百萬，穩居四大超商之首。

全家目前數位化發展的重點有兩個，一個是系統建立，另外一個則是數據研發。系統部分主要指的是供應鏈數位化與營運自動化，而數據研發則是嘗試從資料庫行銷起步，最終能夠開發出預測模型，早一步預測消費行為與趨勢的轉變。零售業原本就有很多數據，但過去經常只是拿數據來參考，還沒有把數據當成決策依據，與理想之間還有一段距離，葉榮廷強調：「必須把domain knowhow跟演算法技術結合，在我們的場域進行多次實驗之後，那個數據才有價值。」

預測未來，是每個產業都希望能夠達成的目標，對便利商店而言更是重要。「我們這個行業面對變動已經習以為常，」什麼叫變動？葉榮廷說，像溫度的改變，今天二十八度、明天三十度，根據全家的統計，溫度每升高一度就會增加7.9個客人，「這些客戶進來了會買什麼東西？我們就要去因應。」

不僅每天有短的變動，還有大且慢但回不去的變動，例如網路購物、人口結構改變、數位支付，以及商業模式的推陳出新，這些都是不可逆的趨勢，需要長期投資，並且提早進行基礎建設。

從「柑仔店」時代一路走入新零售大浪中，2021年，因

新冠疫情的巨大衝擊，消費型態迅速轉變，零售業受到極大衝擊。但在此同時，統計到2021年8月為止，全家店舖數為三千七百七十店，穩坐便利商店亞軍地位，不過市值數度超越第一名：2020年營收突破853.7億元，年增9.8%，全年淨利為21.3億元，年成長16.3%。此時，便利商店在大眾心目中也早已轉變為「統一、全家和其他超商」。

而且，社會對於便利商店產業的評價，不再單純只看店舖數或者獲利，還有與客戶的關係，甚至包括對產業的貢獻。很多人可能不知道，自從全家開始賣地瓜之後，台灣的地瓜就沒有跌過價，現在契作有一千兩百公頃，更是穩定市場的力量。葉榮廷說：「我們也找過農委會談，如果地瓜可以，那其他農產品可不可以？我們想進一步協助台灣農業。」

全家「老二哲學」的創新力與影響力，顯然相當值得期待。（文／溫怡玲）

創生觀點 .... 總主筆／黃日燦

1. 全家自創立迄今三十餘年，一直位居台灣便利商店市場老二的地位，卻能勇於創新，時出奇招，不讓老大專美於前，甚至迭有彎道超車的傑作，令人稱道。究其根柢，乃是源於全家敢於容錯的企業文化，這從全家一開始上架叫好不叫座的日本進口商品和一頭栽進賣手機大虧的兩個經典失敗案例，可見一斑。尤其難能可貴的是，全家是日本Family Mart集團與台灣在地企業共同合資但由日本主導經營的事業，其經營策略和手法卻能靈活而有彈性，長年擔綱的潘進丁會長調和鼎鼐，功不可沒。

2. 台灣便利商店一開始是以販售食品和日用品為主，可說是美化的現代版「柑仔店」，各家超商差異不大。要如何才能脫穎而出，煞費思量。經過多方研究推敲，潘進丁把全家從「追求便利性」的定位進階到「提供差異化產品及多樣化服務」，從率先賣霜淇淋和烤地瓜，從帶頭代收路邊停車費到各種收費，再到線上訂購超商取貨，全家改變了台灣便利商店的營業和獲利模式，也助攻了台灣電子商務的發展。如今，便利商店在台灣已經成為「街區服務中心」，連銀行ATM也都陸續進駐，未來的商機不可限量。全家雖然是市場老二，但開風氣之先的勇氣和膽識，有目共睹。

3. 有鑒於消費客群的高齡化、少子化人口結構造成缺工問題，以及網路購物消費行為的崛起，全家深深體會到數位轉型的重要性。若無法及時運用新科技解決新問題，隨時依需要翻新商業模式，全家乃至所有便利商店就可能被時代淘汰。全家再次積極迎接挑戰，勇敢擁抱創新，組建了一支堅強的數位團隊，從數位支付、無人商店，推動會員制等面向推陳出新，尋求超前部署，強化競爭優勢。古早老式的「柑仔店」，在短短幾十年內，搖身一變成為尖端科技的「新零售」。

第 9 章

正美集團──從標籤龍頭印到微電流面膜

雙軌轉型策略
從傳統工藝培育新事業

　　正美集團是兩岸三地最大的標籤印刷商，產品線一路從水果標籤、高級紅白酒標、跨國消費日用品公司如寶僑（Procter & Gamble, P&G）、嬌生（Johnson & Johnson）與聯合利華（Unilever）的食品與日用化學產品標籤，還有蘋果、宏碁、華碩與三星（Samsung）的電子設備標籤，一直到汽車和醫療設備等標籤。

　　正因產品性質包羅萬象，正美每年的標籤出貨量超過一百二十億張，年營收已逾百億元。即便如此，這家五十二歲的老企業在最近五年仍積極投入新創事業，大舉進軍微電流印刷面膜、二維條碼（QR code）印刷應用、無線射頻辨識的感應式電子標籤（Radio Frequency Identification, RFID），和供應鏈管理等新領域，為印刷百年工藝注入新動力。

　　這樣看似有些冒險且大膽的布局，背後有著新舊雙軌並進的縝密思維，以及綜觀全局的產業脈絡。在擁抱新創事業的過程裡，正美經歷過許多傳統與創新經營觀念的衝擊，包含思維轉換與團隊磨合，非常值得亟欲轉型的成熟企業作為借鏡。

選擇「人少的路」提高競爭門檻

　　1969年成立的正美，最早是從水果標籤起家，但因為產業門檻不高、競爭激烈，削價競爭的結果，往往就是標到最後所有人都無利可圖。正美董事長蔡國輝指出，面對這樣的困局，

大部分廠商還是留在原地，但正美選擇邁向下一步，走出原有的產品線，為自己開拓更寬的路。

先是切入文具、玩具市場，後來隨著電子業崛起、國民所得提升、開放菸酒進口，又相繼進入電子產品、日用化學品、菸酒廣告等應用，儘管每一次的跨越都帶來重重挑戰，但也因此淬鍊出更厚實的經營體質。

跨域經營並非易事，當中有許多挑戰，這正是許多同業卻步的主要原因。拿跨國日常消費品來說，聯合利華這些外商對供應商的門檻要求很高，像是要求「免檢入庫」──進貨時可不經檢驗直接入庫。免檢入庫在電子業是常態，但對於傳統產業而言並非易事，代表獲得客戶的信任。此外，外商驗廠也有自己的一套標準，連捕蚊燈上有幾隻蚊子或捕鼠器的配置方式等，都納入管制。當時，這些規定就讓印刷廠吃足了苦頭，但正美將其視為挑戰，見招拆招。

許多企業視改變為畏途，是什麼驅動正美積極跨域經營？是因為看到了傳統標籤的侷限性，還是營收遇到成長的瓶頸？對此，蔡國輝以「居安思危」和「少有人走的路」來詮釋自己帶領正美產品線持續拓展的心態，「我們不想要跟大家競爭同一片紅海，」他強調。

身處一個不斷變化的產業，必須逼著自己持續跟上產業脈動、依照市場需求調整與改變，才能避免被淘汰。正是這樣的

產業特性，但凡能夠存活下來的企業，都練就了彈性應變的好功夫。

「進化」取代「轉型」，老工藝長出新價值

成熟企業會面臨到本業轉型升級或轉進新領域的課題，兩者很難兼顧。「以前我一直很忌諱用『轉型』這個字眼，我覺得比較像是一種進化或演進，」蔡國輝一語道出他對轉型的看法，「我從來不曾懷疑或否定原有資產的價值，我們心心念念所做的，只是讓傳統老工藝發揮新價值。」

儘管印刷是一門非常古老的產業，但正美不斷摸索自身定位，技術創新與應用拓展的腳步從來沒有停止過。

蔡國輝表示，早期正美自詡為「美化商品的魔術師」，希望標籤能讓水果、電腦變得更漂亮，後來調整為「美化商品、美化生活」，希望透過商品來美化每個人的生活，同時也訂下明確目標，要成為世界一流的標籤包材印刷廠。

不過，正美真正找到自己的位置，是到2009年四十週年時，由高階主管一起腦力激盪，討論約兩年才沉澱定案，以「全球印刷應用及加值服務的領導者」重新出發。

其中最關鍵的就是「印刷應用」及「加值服務」：「印刷應用」是指跳脫出標籤形式，在既有印刷基礎上開發截然不同的新產品，例如智慧家居內構件、平板電腦機構件與儀表面板等；而

「加值服務」則是賦予標籤更多價值，例如客製化包裝、互動式廣告，以及結合品牌識別與產品訊息的印刷方式等。這兩個方向都與印刷息息相關，也提升了本業的品質與價值。

從核心競爭力出發，布局跨域新事業

在這樣的脈絡下，正美自2016年開始大舉布局新事業，一口氣設立了三家新創公司，讓他們各自耕耘不同市場，開拓一方天地──開發通用唯一識別碼（Unique Identification, UID）的「信集界科技」、做系統整合服務的「合流科技」，以及推出微電流面膜的「拓金造物」。

雖然這些新創公司都跟正美的本業直接相關，但任務很不一樣，因此均維持獨立運作的模式，自行研發產品及擴展市場，但公司會挹注必要的技術與資源。舉例來說，拓金造物研發的微電流面膜，乍看似乎跟印刷不相干，但其實面膜上面的電磁所需的電極印刷，就是使用網版印刷技術，只是採用較先進的油膜技術。

正美集團小檔案

經 營 團 隊：董事長蔡國輝、總經理蔡雪如
成 立 時 間：1969年
資 本 額：4.9億元
主要產品與服務：日用化學品產業及電子產業的標籤印刷應用、客製化服務的印刷解決方案

　　再以本業積極擴展的醫療與汽車應用為例，也是從既有的印刷技術去延伸，雖然外觀形貌很不一樣，但本質不變，像是醫療應用的檢測、快篩、耗材及敷料等產品，汽車應用的裝飾件、儀表板、機構件和銘板等，早已跳脫原本印刷標籤的型態，但過往累積的印刷技術與設備完全可以派上用場，只要透過升級即可實現。

　　很多企業在創新的路上，經常忘了自己既有的資產，甚至為了創造而拋開過去，但正美始終都很清楚如何活化原來的資產，並藉此進行技術的創新。「我始終認為舊東西可以小部分汰換、大部分保持，繼續升級並且充分支持未來的發展，」蔡國輝強調。

重整組織，讓新舊人才合作並進

　　面對公司積極發展新事業，新舊之間摩擦與衝突是常見的議題。特別是當老闆把眼光投注到新創事業時，很容易讓在本業奮鬥數十年的老員工產生失落感，甚至消極地抗拒改變。

　　為了避免印刷核心本業團隊產生「放牛班」的心態，董事長蔡國輝與執行長魏任傑建立一套獎勵機制，採取「新舊混合」（hybrid）的模式，鼓勵印刷本業團隊對新創事業提供更多技術支援，讓老幹與新枝都是平衡發展。

　　「如果要做新事業，比較好的方式是去挑選外部有專業或

資源的人才，他們比較瞭解產業的痛點；但是外部的人才卻未必能完全掌握我們的核心技術，所以就需要和內部的既有人才結合。」魏任傑分析，讓熟悉產業痛點的人和熟悉核心技術的人合作，能夠帶動組織文化正向循環。

　　舉例來說，雖然拓金造物的微電流面膜技術是透過油膜技術，與印刷本業相關；但它卻是一個與本業完全不同的產品，市場領域也不同，不能以既有的思維去經營。因此，拓金的主要成員皆來自外部，而非由內部員工轉任。拓金使用正美先進的印刷技術，而組織中則由美妝產業的專業人員負責，積極透過電商進軍美妝市場。

　　從組織整合的角度來說，當新舊員工在心態上、溝通上與執行上都能認同舊與新的價值時，就能瞭解自身的重要性，並感受到合作的必要性。此時，再透過即時有感的激勵措施，讓成就反映在績效上。無論是新舊組織，最後成果都會回饋到集團來。

雙軌並進的轉型，讓老幹長出新樹枝

　　前面曾提到，蔡國輝的「轉型」理念，是以本業的進化為核心價值。而這樣的價值也體現在外部新創投資以及內部的組織規劃與人才的發展策略。由此，便自然催生了驅動新舊事業同時發展的「雙軌轉型」，使正美在新舊事業之間取得平衡。

蔡國輝在筆記本上畫了兩個交集的大圓圈，左邊圓圈的A領域是既有核心事業，代表任務相同、做法不同，右邊圓圈的B領域則是新事業，代表任務不同、做法也不同，A及B兩個圓圈在C點交會，C代表的是核心競爭力。

印刷就是正美的核心競爭力，所有新事業的投資方向仍與印刷有關；同時他們也清楚知道，公司不能冒險躁進，蔡國輝的比喻是，「在踏出一個新領域之前，一定要右腳踏穩、左腳試水溫，而不是直接跳到另一個水池中。」因此在投資新事業的同時，正美仍持續升級舊技術與舊設備，既有核心事業得以發揮價值，能夠支持新事業的投資發展。

「A的核心本業部分我們仍會保留，畢竟這還是穩定獲利的金牛（Cash Cow），只是養分慢慢在流失中，在保留A、且有C做支撐的情況下，我們可以慢慢去探索B的新事業領域，這樣就較能承受風險。」蔡國輝表示。

雖然新事業目前還處於投資階段，但由於產品單價比起傳統標籤要提升好幾倍，因此正美經營團隊對這樣的投資與預期報酬均抱持樂觀態度，也願意給新事業團隊更多的空間去探索市場經營。

前瞻未來十年，促使新事業加速規模化

2009年當正美處於營收高峰時，即毅然決然進行策略性的

變革，開始探索新的機會，對於許多企業而言，這樣的轉變並非易事。魏任傑指出，企業不可能遇到危機或手上沒有資源時才去改變，畢竟轉型最需要的就是資源，在營收高的時候正是最好時機。

魏任傑指出，直到這兩、三年，大家才越來越能理解為何要轉型，雖然轉換的過程需要時間，但過去播下的種子，現在已經可以看到有些新機會的芽冒出來了。過去十年一路走來的經營發展，做的其實都是基礎工程，「現在來看，就會發現當初的決定非常正確，因為既有的核心事業越來越辛苦。」

展望未來十年，正美的核心路線仍為「印刷應用」及「加值服務」。提供客戶解決方案，並藉此將「產品」、「設計」、「服務」和「領域知識」這些東西都「綁」（bundle）進去，讓加值服務產生具體收益（billable），而不是像過去在代工時代的台灣，做什麼服務都是免費的，這將有助於企業拉抬營收規模及獲利能力。

在雙軌並進的經營策略下，正美持續讓不同的人才在企業的轉型路上共創綜效，「未來十年主要還是靠團隊，我們陸續補齊了多路人才，相信可以激盪出許多火花，」蔡國輝自信地說。而在踏實核心路線與提升本業價值的同時，持續與新創合作，也是正美尋求持續成長動能的關鍵。

魏任傑透露，以2021年的營收規劃來說，10%將來自新市

場、新區域和新事業。儘管既有核心事業的營收持平，但有機會提升效率及營業利益率，並以核心事業的獲利投資未來，加速擴大新事業的規模化，未來幾年新事業可望貢獻主要的營收成長動能。

　　過往的資產不會沒有價值，只要能夠持續升級，舊東西不但能夠持續發揮價值，甚至還是支撐新事業的重要利器。秉持著掌握本業價值的理念，正美力行新舊並進的雙軌轉型策略，讓看似不太相干的新舊事業找到交集，以核心競爭力當成支點，持續升級，也對新舊事業的平衡發展，做出最好的詮釋。

（文／沈勤譽、李妍潔）

創生觀點 ·································· 總主筆／黃日燦

1. 正美能夠抱持「跨越紅海」的勇氣，大膽選擇「人少的路」，是轉型升級成功的關鍵。

2. 跨域經營不容易，許多企業視改變為畏途，就只能原地踏步，無法跟上產業持續前進的脈動。

3. 企業策略願景的定位非常重要，太空泛了會無法落實，太狹隘了會限制發展。正美經過幾年腦力激盪，最後敲定「全球印刷應用及加值服務的領導者」這個策略願景。「印刷應用」強調在印刷基礎上開發出嶄新產品，而「加值服務」則聚焦於讓印刷本業創造出更多價值。老資產孕育新事業，老工藝發揮新價值，老幹新枝，雙軌並進，定位極為高明。

4. 印刷業跟不同領域的連結可能性想像空間很大，如果要快速成長，或許必須提升經營團隊的板凳深度和資金部位。因此，儘早尋求一位合適的富哥哥，入股但不入主，協助而不掌控，可能會有意想不到的加持效果。

第 **10** 章

祥圃實業——從歐羅肥賣到究好豬的未竟之路

垂直整合產業生態鏈
改寫台灣畜牧業

　　許多五、六年級生或許對「究好豬」還不是很熟悉，但一定聽過「歐羅肥」。「雞豬養得好，長得快又壯，一定要吃歐羅肥！」這曾是家家戶戶都琅琅上口的廣告台詞，雖然歐羅肥非一般大眾的生活用品，但卻靠著活潑的行銷成為家喻戶曉的知名品牌。

　　祥圃實業董事長吳昆民的第一份工作就是在台灣氰胺負責推銷歐羅肥，積攢創業基金。1984年，他成立祥圃實業持續推廣飼料添加物；1997年的口蹄疫催化了第一次轉型，讓祥圃從貿易代理商轉型為生產製造商，結盟國外的營養品公司，興建符合歐盟標準的「無藥預拌工廠」，從產業邊陲走向核心。

　　因為看見生產者與消費者之間的嚴重斷裂，吳昆民與營運長吳季衡這對父子接續推動祥圃轉型。近十年來，祥圃一路從產業的上游往下延伸，不僅購置種豬廠、畜牧場、成立肉品分切廠，在2016年推出品牌豬肉「究好豬」，還成立台灣首間以農業食安教育為主題的「良作工場」。

　　從飼料添加物到台灣精品豬的產品轉換，背後展現的是祥

祥圃實業小檔案

經營團隊：董事長吳昆民、營運長吳季衡
成立時間：1984年
資 本 額：3.4億元
主要產品：動物營養品、品牌肉品

圃強大的企圖心——扮演生產者與消費者之間的橋梁，以一條龍方式打造「從農場到餐桌」的農食供應鏈，翻轉台灣農業長期被低估的困境，將農食文化的價值發揚光大。

　　對吳昆民與吳季衡來說，這樣大刀闊斧的轉型，當然也是看見了畜牧業的成長瓶頸，為了祥圃的永續經營不得不做的決定。一路走來，祥圃是如何跳脫既有業務的侷限？遇到了哪些問題與挫折？看到了哪些發展的可能？迎向未來，祥圃將面對什麼樣的挑戰？又該如何發展持續成長的動力呢？

迎戰口蹄疫，從貿易商轉型為製造商

　　台灣曾是全球第二大豬肉出產國，在那個畜牧業前景看好的年代，進口動物營養保健品就能從轉手貿易獲利，當時祥圃還是一家貿易商，主要代理經銷羅氏大藥廠（Roche Products）的動物用維生素，直到1997年爆發口蹄疫斷送了台灣的豬肉外銷，讓台灣每年一千多萬的豬隻數量一下腰斬、外國廠商撤出，飼料需求量大減。

　　幸好，吳昆民帶領的經營團隊早在口蹄疫爆發之前就朝著優化營運的方向邁進，為了讓發貨與客服都能更加即時，祥圃在台南買下五百坪的倉庫，集中管理貨物。因為服務和物流都很齊全，業績蒸蒸日上。

　　口蹄疫讓外商撤離了台灣，更加速了祥圃的轉型，化危機

為轉機。

吳昆民先是吸收因外商退出而釋出的產業人才，自己培育專業團隊，厚實經營基礎；接著擴充營業項目，積極爭取與荷商帝斯曼集團（DSM）在台策略聯盟，由帝斯曼提供技術移轉及原料，祥圃負責籌資設廠與獨家經銷。

結合自身長期在產業經營的know-how，祥圃於2005年成立台灣首座符合歐規FamiQS標準的動物營養品預拌劑廠，生產只添加維生素、礦物質、胺基酸與酵素等機能性原料的預拌劑，避免抗生素和化學殘留。

至此，祥圃脫離了經銷代理的角色，轉型為擁有生產動物營養添加物實力的製造商。「貿易商就像浮萍一樣，變成製造廠後，不僅可以銷售代理產品，還可培養自有品牌，」吳季衡強調。

導入生產履歷，重新定位產業角色

2003年，吳昆民帶著吳季衡前往挪威，原本要去考察當地的鮭魚養殖業及漁業疫苗技術，卻對其數位產銷履歷制度留下深刻印象，也開啟了從畜牧業轉型至食品產業鏈的全新視野。

「現在看這樣的數位溯源技術覺得習以為常，但當時簡直是天方夜譚！」吳季衡大表震撼。他回憶，當時有家數位溯源的業者提出一個解決方案，從消費者往上到源頭把整個資訊流

都串起來，包括養殖場、飼料廠、分切場、賣場在內，在任何節點都能看到資訊。

　　不管是從國家安全還是食品安全的角度出發，農漁畜牧業的產銷履歷制度都勢在必行。在食物鏈當中，農產品跟食品被硬生生拆成兩個世界，生產者與消費者之間出現很大的斷裂，兩者需要有更好的連結與整合。

　　吳季衡形容轉型前後的最大差別，「我們再也不把自己當成畜牧業，而是食品業前端。」這樣的觀念深深影響到後來祥圃的經營方向及模式，不再從畜牧業的角度去看事情，而是從食品產業的角度去思考。

　　於是，台南廠在2006年投入生產之後，便引進英國的自動生產控制系統，導入生產履歷制度，嚴格管控品質，讓客製產品的生產制度管理更健全，每項產品的原料都能追本溯源。這樣的做法正是出自農食產業鏈的思維。

轉向垂直整合，從生產飼料到養豬一手掌控

　　儘管從代理商跨足製造端，但祥圃還是很清楚，畜牧業的成長已經到了天花板。一方面畜牧業的環境要求越來越高，土地取得不易、環保意識抬頭，加上人才凋零，讓經營成本及難度不斷增加；另一方面，因為吃素人口增多、開放進口肉品，讓整體需求下滑，種種因素都讓祥圃必須更積極因應。

　　2008年，吳季衡回到台灣加入公司，擔任祥圃轉型戰略的發動機。

　　「我知道這個產業正在往下掉，要隨波逐流還是創新突圍，必須趕快做決定，」吳季衡分析兩個轉型方向，一是把整個know-how帶到發展中國家，另一是垂直整合。因為海外拓展始終沒有找到適當機會，於是祥圃決心朝向垂直整合發展，2011年投入養豬產業。

　　為什麼選擇養豬呢？

　　吳昆民解釋，團隊曾針對各種畜產做過市場研究。當時市面上已有許多雞肉品牌，包括白肉雞及土雞、國產雞及進口雞，祥圃若要投入，為時已晚；至於牛肉及水產，市場規模都不夠大。反觀豬肉市場，無論是飼養或消費的人口都很多，需求最大，雖然產業碎片化、整合難度高，但仍然大有可為。

　　不過，垂直整合畢竟是個辛苦的過程，吳季衡指出，雖然祥圃看到很多機會，但要找到志同道合又門當戶對的對象並不容易，「等級不夠好的我們不想合作，等級夠好的不見得看得上我們，」他解釋。

　　2012年，美國牛肉叩關衍生出瘦肉精和萊克多巴胺（Ractopamine）議題，除了讓食安問題備受關注，也影響到豬肉價格。為了讓消費者吃得安心，父子倆下定決心攜手改造畜牧產業鏈，不只養豬，更要養出精品豬。他們積極推動「從產

地到餐桌」的產銷履歷，讓消費者每一口豬肉都能吃得安心又
健康。

從產地到餐桌，打造精品豬肉生態鏈

養豬不容易，養精品豬更不容易。

整合養豬產業鏈的工作比想像中還要困難，一方面是大家
很習慣原有的工作模式、缺乏改變動機；另一方面是規格沒有
建立，客戶需求的差異性很大，也不容易溝通。「在既有產業
創新，溝通成本很高，」吳季衡說，「因為找不到適合夥伴一
起做概念驗證專案（Proof of Concept, POC），所以我們只好
跳下來自己做，」他苦笑。

台灣肉豬拍賣制度是看活體（屠宰前的活豬）而非屠體
（屠宰後的豬肉），又缺乏豬肉品質評級標準，因此要定義及
推動「精品豬肉」就更為辛苦。「越是困難，代表這件事情越
值得做，」吳昆民強調。他認為，伊比利豬（cerdo ibérico）都
能分成四個等級，台灣的豬肉應該也要提升品質，經營自家品
牌才能長遠經營。

特別是口蹄疫爆發直到2020年6月為止，因豬肉都禁止出
口，台灣的養豬事業二十幾年來未有長足進步，反而從國外進
口的豬肉越來越多。所以吳昆民希望能打造出台灣專屬的豬肉
品牌，提升台灣的豬肉價值，就像是日本的黑豬、西班牙的伊

比利豬，或是丹麥的商品豬。

要有好的豬肉品質，靠的不只是品種與飼料，更重要的是飼養環境。祥圃為豬隻打造舒適的自由夾欄，採取人道飼育養出品質最佳的肉品。但因為祥圃沒有自己的屠宰場和分切場，就算不計成本投入最好的飼料與環境，最終養出的豬肉卻仍是被盤商稱斤論兩地拍賣，打不出品牌。

為了解決出海口被別人掌握的難題，2015年祥圃投入重金，在雲林成立肉品分切場「良作工場」，專門生產「究好豬」。從養豬、屠宰、分切和物流的冷鏈管理，清楚掌控每個過程與環節的品質，全程以十五度低溫分切，並根據屠體的肥厚率、油花、保水性、色澤等指標進行評級，包裝後直接印出每個產品專屬的「身分證」，載明豬隻來源、屠宰日期和重量等資訊，最後由自己的冷凍貨車直送餐廳。

從2B跨2C，經營台灣豬肉品牌篳路藍縷

究好豬的誕生，可說是祥圃落實從「農場到餐桌」產業鏈整合的最後一哩路。為了養出不易生病的豬隻，除了使用營養均衡的飼料，甚至添加維他命、礦物質與益生菌等營養素，健康的豬隻自然減少用藥，對動物與人體都好。

因為品質好，究好豬在上市之後就迅速打開B2B的餐廳市場，成為許多中高檔餐廳的首選食材，像欣葉日本料理、食令

SHABU、和食集錦和教父牛排等知名餐廳都是祥圃的客戶。「一開始是別人挑我們，但現在換我們挑選合作對象了，」吳季衡強調。

這幾年，祥圃在B2B端已經打下了不錯的基礎，吸引越來越多的牧場、餐廳客戶、供應商加入生態系。但從飼料營養品到台灣精品豬，祥圃的主要客戶都是企業，雖然穩定但成長動能較緩，因此祥圃希望能打入一般的消費者市場，直接面對大眾客群。

在究好豬甫推出之時，祥圃開設了自家餐廳「良食究好」，希望藉此與消費者拉近距離，2012年開幕之初即定位為透明公開的樂活市場，讓到餐廳用餐的客人可以看到豬肉的處理過程，強調重視食物來源。現在，祥圃正計劃經營超市和電商等新通路，積極從B2B切入B2C市場，盼自己一手打造的台灣本土畜牧業新價值能落實在消費者的日常之中。

不過，能養好豬卻不一定代表能夠做好消費品牌。要讓更多人埋單，進一步發揮究好豬的產品價值，只靠理念顯然是不夠的。究好豬畢竟賣的是冷凍豬肉，因此「如何改變台灣消費者偏好購買溫體豬的認知習慣」將是首要挑戰。

邁向損益兩平，未來仍有諸多挑戰

「我們創新的代價，滿大的，」吳季衡表示，在成立品牌

的前幾年確實比較辛苦，花了許多時間摸索技術人才的養成，加上客戶的需求紛雜，需要投入時間瞭解，「現在我們已經慢慢建立規格，預期新事業大約再兩年就可損益兩平，」他解釋，目標是達到一個月宰殺五千頭豬的規模。

全台灣一天約需宰殺兩萬兩千頭豬，其中有產銷履歷的大型屠宰場一天就能處理八百頭；而祥圃從一週賣出一頭豬開始做起，目前一個月宰殺的豬隻數量是三千頭，以擁有生產履歷的豬隻來說已有一定規模。就像是拼圖一樣，祥圃一塊一塊將養豬產業鏈拼湊完整，也期待新事業可以逐步展現成效。

除了新事業之外，祥圃也規劃加速數位化布局。只是現階段智慧農場最領先的技術還是在歐洲，「我們花了五年，卻遍尋不到適合的合作廠商，」吳季衡解釋，由於台灣的公司通常只有賣部件（parts），缺乏領域知識，也做不出整套的方案，因此要找到有能力做系統整合的業者，仍是一大挑戰。

面對未來，祥圃除了持續經營起家本業動物營養品、透過併購或合作與日本中小企業一起把市場做大之外，預計也將以3至4億元投資屠宰場，希望在擁有自己的屠宰場及分切廠之後，可以做場域的彈性調整，針對規模較大的市場區塊推出副品牌。

另外，祥圃也規劃將「究好豬」輸出到日本、泰國、馬來西亞和越南等國家。除了豬肉，智慧農場解決方案和整套產業

鏈的know-how也都是可以輸出到國外市場的商品,「只要搶攻5%到8%的高端市場,都是相當驚人的商機,」吳季衡強調。迎向未來,祥圃期待全世界都能看見台灣在高檔精緻農業的價值。(文／沈勤譽、李妍潔)

創生觀點 ·· 總主筆／黃日燦

1. 台灣企業從代理走向製造的案例很多，不足為奇。但是祥圃從飼料添加物貿易代理商變成製造商，更進而往下游跨入養豬的畜牧業，再延伸到肉品分切廠，乃至推出「究好豬」的豬肉品牌，這種「從飼料到農場到餐桌」的一條龍式農食供應鏈，可就是極端罕見的企業發展模式。祥圃吳氏父子不但有另類的事業願景和策略思維，顯然也有「千山我獨行」的堅持勇氣和經營韌勁。

2. 從歐洲數位產銷履歷制度發想，祥圃運用數位溯源技術，串連豬肉食品消費者到源頭的整個供應鏈節點資訊，確保祥圃在食品安全和品質的掌控能力，鞏固了「究好豬」金字招牌的堅實基礎。祥圃垂直發展的事業版圖，有了數位溯源垂直整合的加持，環環相扣、首尾相連，經營體質大幅優化。

3. 祥圃蹲好馬步、站穩品牌豬肉的起手式後，還需要有足夠的經濟規模，才能創造可長可久的營收和利潤。因此，在國內和海外市場擴大「究好豬」肉品的出海口，應是祥圃下一階段的當務之急。當然，多年來辛苦建立的一條龍式豬肉生態系供應鏈，也是具有相當獨特價值的營運架構和商業模式，應可作為祥圃在海外策略聯盟或合資合作的交易籌碼。

第 11 章

精誠資訊——從軟體公司變身「生態整合者」

以跨領域大數據為核心
挑戰千億市值

　　2001年美國雅虎（Yahoo）以1.46億美元（約新台幣46億元）收購精誠資訊旗下的子公司奇摩網站（Kimo.com），創下台灣軟體公司被併購的歷史紀錄，轟動一時。至今，雅虎美國母公司雖幾經轉手重組，在台灣的品牌名稱仍是Yahoo奇摩。

　　2019年，原本以現金消費居大宗的全聯啟動PX Pay，彎道超車，推出半年即以超過六百萬會員數，成為台灣第三大行動支付工具；更令人訝異的是，其中逾六成使用者是其他支付業者無法接觸到的五十、六十歲女性族群。而讓中高齡婆婆媽媽願意下載App並持續使用的幕後功臣，也是精誠資訊。

　　成立於1997年的精誠資訊，以軟體技術服務起家，看過2000年網路泡沫化、行動化、雲端、大數據到AI每一波技術應用如何翻轉市場版圖，如今穩居台灣最大本土軟體服務商。

　　回顧從奇摩被併購至今，走過逾二十年的轉型之路，「我們有三個比較大的轉折點，」精誠資訊董事長暨總經理林隆奮分析，這三個轉折點分別是透過內外部的策略整合、嘗試並累積各種成功與失敗經驗後，確認了企業的價值以及核心能力，「我們定位為軟體力、數據力，跟演算力的生態整合。」

走過「有勇氣的失敗」，重塑核心價值

　　精誠重要的三個轉折點，第一個是在2000年決定將奇摩網站出售給美國雅虎；第二次較大的轉型則是集團內「精

業」跟「精誠」兩家公司的水平整合，將精業的金融服務系統
（Financial SI）與精誠的資訊技術（IT Technology）整合在一
起，結合兩邊資源，以便在走向全球市場以及打區域戰時，能
相輔相成。

第三個轉型則是在2010到2015年進行的大數據雲端行動。
當時，精誠找了很多優秀人才、也投資了許多企業，研發出各
種功能齊全的產品，但最終卻以失敗告終。

「因為當時我們沒有定義世界級的規格，缺乏全球化的企

精誠資訊小檔案
經營團隊：董事長暨總經理林隆奮
成立時間：1997年
資 本 額：26.9億元
營收比重：電腦軟硬體銷售收入（74%）、勞務收入（26%）

近五年營收與EPS

圖，只做了一個簡單的在地版本，」林隆奮對當時未能成功轉型的原因有很清楚的反思，他強調：「所以等到世界級企業進軍台灣之後，我們就輸了。」

失敗不見得只有負面的影響，這次經驗讓精誠經歷了「有勇氣的失敗」，因為就算失敗了，這些經驗也能被轉化成不同的養分，去幫助別人成功。而這也讓林隆奮發現到，時刻關注外面動態、跟上世界脈動是很重要的，如此回過頭來才知道如何調整自己。

掌握軟體、數據與演算力，整合跨域生態系

經歷了這三大轉折，也讓他理解——轉型必須回歸到核心能力，不能為了雲端而雲端，或為了行動而行動。最後，精誠將自己的核心能力定位為：軟體力、數據力與演算力的生態整合者。

「軟體力」是集合了5A〔軟體(AP)、應用程式（Application）、應用程式介面（API）、一體機（Appliance）、演算法（Algorithm）〕的跨界軟體，串接這些軟體跟IT、OT（營運科技及技術）、IoT（物聯網）進入AIoT的情境，就需要「數據力」來做整合；有了數據之後，還要依靠機器學習（Machine Learning）來建置AI模型，這就需要「演算力」。

從軟體公司逐步走向「生態整合者」，貫穿其中的關鍵是「數據」，獨特的核心優勢則是透過水平整合後所累積的跨產業領域知識，所以，林隆奮進一步分析，「生態整合就是數據大連結的整合，而且是跨領域數據大連結的整合。」

而生態整合（Xi）正是數位轉型AI化的核心。對精誠資訊來說，這個X，就是B2B2X，既不是針對個人消費者（customer），也不是針對企業（business）或對政府（government），而是不受限地可以跟不同產業加乘，因為數位轉型是產業、企業與個人都需要的關鍵。

除了清晰的「生態整合者」定位，積極投入數據生態圈的經營與數據大連結的整合，林隆奮也注意到「情境」（context）背後的廣大商機。

打造跨情境服務，水平整合多元價值鏈

過去，一個客戶可能只代表一個情境，一個情境的背後只有一個市場，這表示一個客戶就是一個市場。然而，在生態整合時他卻發現其實一個客戶不只是一個市場，因為一個客戶的需求中可能就包含了許多情境，而每個情境又可以連結到更多的客戶、A情境可能又涉及到B情境，所以一個客戶的背後不只是原本所想像的單一市場，如果能夠深入瞭解顧客端的應用場景與供應鏈，就會發現市場比原本想像的大很多。

　　特別近幾年加入AI這個重要的技術元素之後，因為程式、演算法跟模型大家都會寫，但什麼樣的情境選擇哪種組合才是決勝負的關鍵。無庸置疑，數位轉型AI化是個充滿商機的新市場，但對於像精誠這樣的軟體系統整合商而言，要服務跨情境、跨產業的客戶並非易事。「水平整合」是精誠找到的答案，也是精誠新的核心能力。

　　要透過水平整合的方法串接不同領域情境，關鍵在於以「客戶體驗」為優先──以客戶想要達成的最終成果為起點，反過來推導他的核心需求，然後再設計程式和開發系統來滿足這些需求，這樣才能掌握完整的客戶體驗旅程，這就是「以終為始」。

　　「以前，客戶可能會覺得某個功能或某個流程他們自己也會做，」林隆奮說，「但是當我們從最基本的『體驗』去跟這些想轉型的客戶進行對話的時候，客戶們就會發現到，有很多科技上的整合，只靠自己去是做不到的。」

　　以金融業為例，客戶通常具備獨立完成某個特定功能或者某個獨立流程的技術能力，但就算做得再好，也沒辦法拼湊出一個完整的體驗，而其中訣竅在於不同功能軟體、不同系統之間的串接，如何能夠無縫接軌達到客戶的需求，創造客戶最佳體驗。這正是精誠水平整合的強項與價值所在。

　　林隆奮指出，這樣的水平整合能力，讓他們既能維持原本

提供「產業解決方案」（Industry Solution）的服務定位；另一方面則透過「設計思考」（Design Thinking）和以終為始「敏捷式開發」（Agile Software Development）工作模式，打開與客戶之間更寬廣的對話空間，也建立更深入的信任關係。

簡言之，「水平整合」讓精誠展現了跨情境服務的專業，而以「客戶體驗」為優先的溝通思維，則幫助工程師與客戶彼此理解。因此對客戶來說，精誠不只是外部廠商，同時也扮演專案管理者的角色，由精誠直接串接客戶所需要的廠商，整合跨域生態圈，提供客戶需要的解決方案。

透過垂直整合將供應商或經銷商的價值鏈整併進來，這是精誠成為軟體系統服務商的起手式；接著則藉水平整合，橫跨不同產業提供跨情境的客戶服務。可想而知在轉型的過程中，除了對外的整合，內部團隊如何隨之轉型、以新的協調分工模式進行有效合作，也是一個必須同步跨越的門檻。

領導協奏驅動團隊引擎，以專業共譜樂曲

「以前我們在幫客戶想解決方案的時候，常常會遇到溝通的問題。因為有些工程師有一種不自覺的驕傲，他們會覺得我這個功能很棒，客戶為什麼不用？」但這樣的溝通模式是相當大的障礙。林隆奮舉例，客戶當然也會認為「你怎麼可能比我懂？」雙方的溝通一開始就遇到障礙。

　　怎麼讓團隊能夠隨著業務型態轉變而轉型？一開始，精誠先組織專案工作小組（task force），讓成員定期分享自己的觀察與客戶的需求，透過這種方式尋找不同組別間可互補之處。後來又成立了「演說團」，每個演說團有不同的客戶情境與不同的角色分工，有的偏向專案設計、有的偏向技術操作，希望以此能讓不同單位的人力能機動補位、互相支援。

　　不過，無論是工作小組還是演說團，在「任務導向」的分工模式下，大家還是會受限於組織架構，各忙各的。於是，精誠近年發展出「領導協奏」（orchestration）——將組織視為樂團，而領導協奏者（orchestrator）就如同樂團指揮，指引不同屬性的樂器在不同的時間點接續表演，即使大家的音質與曲調高低各有差異，一樣能共同演奏完整的樂曲。

　　林隆奮解釋「協奏」和「協作」的差異，協作是「我做完了才交給你，你做完了再交給他」，在傳遞責任時很容易出問題，只有靠協作（collaboration）跟溝通協調（coordination）在組織運作上是不夠的。

　　「但如果是協奏的話，因為大家都很專業，你拉你的大提琴、他吹他的小喇叭；而我是指揮家，就負責把大家變成一曲美妙的音符，」林隆奮強調：「組織領導者要改變心態，把自己當成領導協奏者，並要讓員工認知到自己就是協奏者。」

攜手外部新創，讓內部創新走得更快

內部組織文化的建立很重要，而如何善用外部人才資源協助組織持續前進，也是轉型必須考慮的重要議題。

過去，精誠的人才多聚焦在本業應用，內部不容易找到創造新型服務的人才，林隆奮指出，因此這幾年積極尋找新事業發展（Business Development）的人才，並協助事業單位與外部資源協作，來補強內部的專業知識。

方法之一是與外部的新創團隊攜手。精誠發現有些團隊有熱情也有能力，但商業模式不一定可行；另一方面，組織內部可能也有很多想法，卻不一定有人力能推動，所以精誠的方法是，把內部的想法與需求提供給外部團隊，讓他們來提案。

另一種模式則是尋找外部的好提案，除了提供輔導之外，也投注資金與資源。如此一來，不僅能幫助年輕人增加成功率，也讓精誠的創新走得更快。

精誠同樣會進行併購與投資。林隆奮說明，併購通常會以JAMAL原則〔合資（Joint Venture）、收購（Acquire）、合併（Merge）、聯盟（Alliance）、授權（License）〕分兩階段進行：第一階段先整併同業，第二階段是垂直跟水平的整合，比如金融支付是一個生態圈，就再把電子支付和電子票券支付，跟設備與銀行的支付端口（payment gateway）都整合進來，把科技產業、網路領域跟金融業銜接起來，提供客戶一套更完整

的服務。

　　而在評估投資或併購的對象時，除了組織內部要有相應的架構去整合與領導不同的外部資源，是否能有協同效應與規模夠大的綜效，也是主要考量。除此之外，如果藉由合作可以幫助彼此碰觸到原本碰不到的市場（white space），那就是最佳的跨領域協同合作。

成立「AI新創加乘器」，強化策略性投資

　　在投資方面，以策略性投資為主軸，分為「核心本業的延伸投資」，比如產業整合或生態整合；以及另一種「破壞式創新的投資」，兩者的比例大概是8:2。至於如何尋找好的投資標的呢？林隆奮指出，「投資創投基金」比如資鼎、台杉和中華開發基金就是很好的管道，還有AAMA台北搖籃計劃與台大創新創業中心也是不錯的案源。

　　為了強化新創能量，精誠已經成立「AI+新創加乘器」（AI+ Generator Program, AGP）支持新創。「我們很清楚，新創最大的痛苦是採購與IT，因為客戶不見得願意給新創試驗的環境跟數據，」林隆奮解釋，「但精誠是Xi，所以可以帶新創公司進去企業，讓新創團隊可以專注在他們的優勢上。」

　　不同於孵化器與加速器，精誠擁有客戶數據等市場實戰資源，而這些都可以成為新創公司的助力，讓它們有能量走出台

灣，去打世界盃。

　　每一年，精誠都會篩選八到十家新創公司進行免費輔導或投資，比如目前就投了網路資安公司安華，以及做光學辨識提升產品良率的慧穩科技；此外，精誠也會用專案合作的形式幫新創團隊介紹客戶，「像有一家做偵測詐貸保險程式的新創公司，我們半年內就幫它介紹了三家客戶，各賣出一套約一、兩千萬元的系統。」林隆奮笑著說。

　　雖然精誠沒有專職的CVC部門，但其投資規模並不亞於一般的CVC，光是一年的投資預算可能就有10億、20億元。從財會、營運、決策各方面進行分析是投資前必須要做的功課，「但太精準的評估不一定有用，有時候需要一些不理性才會成功，」林隆奮的看法是：「當核心競爭力練得夠強的時候，更能幫助你在很多領域上看得更準。」

　　這不是否定事前評估與分析的重要性，而是必須回歸經營本質與自身的核心競爭力，才是企業穩健前進的終極關鍵。林隆奮強調，「比如精誠的核心就是軟體力、數據力與演算力的跨域整合；只要找到對的標的切進去，要達到千億元的市值也不是不可能。」

　　從原本擅長的金融系統大步跨域，除了PX Pay，還有麥當勞的預付型儲值點點卡、全家便利商店的大螢幕互動智慧販賣機，都是精誠協助零售業再創第二成長曲線的具體成績。幫助

客戶順利轉型之餘，精誠本身也持續進行優化及轉型，期待從台灣第一繼續邁向世界舞台。

不過，精誠布局未來的動力，來自於布局更多新的產業生態圈。

2020年9月，精誠取得寶錄電子30%股權、進軍5G車聯網市場，這才是跨領域布局、投資未來的關鍵之一。對於軟體服務系統商來說，協助客戶拿下新市場，在創新生態圈中占有一席之地，是永遠的挑戰。因此，結合寶錄電子深耕智慧運輸領域，擁有車載設備等軟硬體技術的整合能力，結合精誠的大數據分析和雲端資訊安全等技術資源，如何成功整合發揮綜效，不只是精誠的下一步，也是台灣軟體公司的重要發展方向。

（文／溫怡玲、李妍潔）

創生觀點 ⋯⋯⋯⋯⋯⋯⋯⋯⋯⋯⋯⋯⋯ 總主筆／黃日燦

1. 精誠以軟體技術服務起家，早年切入銀行、證券商等金融服務系統和企業資訊技術服務，是台灣軟體服務產業的龍頭老大，產品線多如滿天繁星，但卻很難拼湊編織出可以發揮綜效的策略藍圖。

2. 經過二十年的摸索，精誠開始掌握到「以終為始」滿足「客戶體驗」的思維，推動垂直和水平整合，從賣個別產品及服務逐漸轉變到針對客戶需求提供全面解決方案的營運模式，提高業務含金量，也加強了客戶黏著度，滿天繁星終於連結成可以彼此串接、互補長短的星際版圖。

3. 近年電訊網路、數據和演算力科技的突飛猛進，讓精誠有機會進一步聚焦核心實力，成為軟體力、數據力和演算力的生態整合者，可以彙整多年累積的跨產業領域知識，針對跨客戶、跨情境的多元需求，透過「無縫接軌」和「跨域串連」，比「協作」更進階的「協奏」模式，建立與客戶之間更深厚的依存關係。

4. 精誠攜手外部新創資源，讓內部創新走得更快，結合外力練內功，獨到的經驗值得參考。在策略投資方面，「核心本業的延伸投資」與「破壞式創新的投資」八對二的比例，布局心法也有可供借鏡之處。

5. 精誠從軟體系統服務商起手，做到客戶情境需求解決方案

的提供者和生態整合者，篳路藍縷，二十年有成，對客戶扮演的角色有如神經系統之於人，或下水道工程之於城市，但卻不容易被看到或記得。就像「Intel Inside」原先面臨的挑戰，精誠接下來應如何提升「精誠Inside」品牌形象和力度，建立「精誠一站滿足」（Systex One-Stop Shopping）的市場定位，可能是下一階段的重要課題。

第 12 章

台灣大哥大——打造新生態圈

跳脫電信業思維
創造台灣企業轉型新典範

當電信戰場快速改變，所有電信業者都深知不可能只固守本業，必須積極轉型、擴張新應用與新市場，身為台灣電信三雄之一的台灣大哥大（下稱台哥大）也不例外。2019年4月，之初創投（AppWorks）創辦人林之晨接任總經理，是五大電信公司最年輕，也是唯一沒有電信背景的總經理。林之晨上任後旋即展開前所未有的大規模轉型，除了衝刺5G新世代，也開拓智慧家庭和網路影音串流（Over-the-Top Media Services，下稱OTT）等全新戰場，同時瞄準大東南亞市場，建構全新的數位生態圈。

台灣大哥大小檔案

經營團隊：董事長蔡明忠、總經理林之晨
成立時間：1997年
資　本　額：351.2億元
營收比重：零售業務（50%）、電信業務（46%）、有線電視業務（4%）

近五年營收與EPS

　　從財報可以明顯看出台哥大的蛻變。2021年第二季，在電信三雄當中，中華電的營收較去年同期成長4%，遠傳為4.4%，台哥大則是22.6%，其中momo的同期成長率高達45%；以稅息折舊及攤銷前利潤（下稱EBITDA）的年增率來看，中華電成長7.3%，遠傳為1.5%，台哥大則是10%。不管是營收還是獲利，台哥大都比競爭對手多了一個檔次。

　　由此觀察，台哥大已經開始回收十年前布局momo電商的豐碩果實，下一步要思考的是：在「超5G策略」下，如何創造其他成長曲線，達成董事長蔡明忠與林之晨所定下的目標——創造台灣第一個國際級非代工企業成為市值1,000億美元的科技集團？

見證電信市場自由化，逐步擴大版圖

　　台哥大的發展歷程緊跟隨著電信市場自由化的腳步。1997年，交通部正式開放行動通信業務，台哥大取得首張全區GSM1800系統營運執照，當時的台哥大跟公司名稱一樣，是一家環繞在「大哥大」行動通信業務的業者。

　　在歷經民營業者整併、行動通訊信技術世代演進和數位匯流等重大歷程後，台哥大先後入主泛亞電信及東信電訊，2005年推出台灣首創三網一家的行動電信服務，同時也併入台灣固網及台灣電訊。至此，台哥大已結合了電信、媒體與商務服

務，成為名符其實的電信集團。

不過，對台哥大發展產生更重大影響的，其實是2003年富邦集團以最大股東身分入主，建立起橫跨電信與金融版圖的集團。這個所有權及經營權的轉變，使台哥大在2011年由大富媒體科技以83.5億元取得富邦媒體科技momo購物網51%的股權，跨足到深具成長潛力的電商市場。

台灣在2005年進入3G世代，一直到2014年4G起跑，儘管短兵相接、競爭激烈，但電信三雄的地位始終穩固。台哥大從2012至2019年連續八年都穩坐電信獲利王，但2018年的「499元之亂」卻也讓電信三雄的營收與獲利都受到不小衝擊，加上台哥大及遠傳的新任總經理皆在2019年上半年走馬上任，也讓這一波5G大戰備受矚目。

5G市場趨於穩定，電信業看到正面訊號

2020年中，電信三雄相繼開台，台灣正式進入5G世代；相較於4G時代的惡性競爭，電信業者普遍發現，5G市場更為穩定。

林之晨指出，5G開台至今，可以觀察到攜碼（Number Portability, NP）的用戶數從每月十五至二十萬降到不到十萬，顯示電信用戶已經傾向於留在原有的電信商；另一方面，電信業者的營收自2017年連續多年衰退，但2021年上半年開始，包

括電信營收、EBITDA與平均用戶營收貢獻度（Average Revenue Per User, ARPU）都重回成長軌道。

「電信產業的重點不在死守這個產業，而是在轉型，本業越穩定，對我們追求轉型與成長就越好，」林之晨做了註解。

當各家業者都在衝刺5G基地台與用戶數，台哥大卻將思考重點放在「如何解決消費者的問題？」而不只是「5G有哪些應用？」

「消費者在選擇我們的產品或服務時，希望解決的是食衣住行的問題，至於使用的是人工智慧、機器學習還是自然語言辨識（Natural Language Processing, NLP）技術，他們其實不在乎，」林之晨以智慧家庭應用為例，說明用戶關心的是智慧中樞設備如何將所有家電串連起來，讓他們能透過語音開燈與開窗簾。他強調，台哥大絕不是為了做5G而推5G。

跳脫技術思維，擘劃大格局的超5G策略

相較於狹隘的技術視角，林之晨在上任時就提出了格局更大的超5G策略*，藉此來整合AI、物聯網和大數據等新科技應用，展開企業轉型的核心串連，並瞄準未來十年的成長區塊，目標打造大東南亞級的國際企業。

---

* 「超5G策略」包括天賦（Gift）、合作（Group）、意志力（Grit）、環保（Green）和大東南亞（Greater South East Asia）這五大面向。

在眾多具潛力的成長區塊中，台哥大列在首位的是電商。目前，台灣電商占整體零售比重約10%，相較於南韓已有30%滲透率，台灣電商至少還有三倍成長空間。「momo現在已成為我們的第二成長曲線，未來三十到五十年間全部零售市場都將邁向數位化，當越來越多消費需求轉移到網路，我們就要做好準備，」林之晨充滿信心地說。

事實上，光是集團內部聯手就已經創造驚人成效。台哥大在推動5G業務時，攜手momo推出「mo幣多」專案，讓不同業務合作行銷，不僅對雙方的營收都有貢獻，也有助提高台哥大及momo的用戶黏著度。

尋找下一個成長引擎，遊戲、智慧家庭前景看俏

除了電商以外，林之晨也看好台哥大在遊戲、智慧家庭和OTT的發展前景。目前台哥大與《英雄聯盟》開發商Riot Games已經合作發行三款手遊，另外也與Nvidia合作打造雲端遊戲，持續帶動行動遊戲服務的營收成長。

此外，台哥大積極投入的智慧家庭應用，已累積三十萬家庭用戶，遙遙領先競爭對手。林之晨提及，兩年前就發現用戶人手一支智慧型手機，但家電卻遲遲未智慧化，因此台哥大成立了一個團隊，引進全世界領先的Google Nest智慧音箱，建構智慧家庭平台，現已支援數十種家電，希望未來五到十年能成

為下一個成長引擎。

　　林之晨也看好各種服務業加速數位化的商機。針對金融、製造、運輸和醫療等垂直領域，台哥大正與不同夥伴討論合作推出類似mo幣多的B2B2C解決方案，一方面提供整合服務來加速各行各業的數位轉型，另一方面也與夥伴創造雙贏或多贏的局面，爭取高達13至14兆元的服務業市場大餅。

　　「這些新的成長引擎不會只限台灣市場，一旦在台灣有成功的超5G應用，我們會想辦法複製到大東南亞市場，」林之晨說。

耕耘台灣超5G，讓成功經驗複製到東南亞

　　在林之晨擘劃的超5G策略中，其中一個重要的戰略布局就是大東南亞（Greater South East Asia），以台灣5G生態為基礎，將戰線延伸到大東南亞市場。東南亞不僅是台哥大擴張海外版圖的關鍵戰役，更是跳脫電信本業、發展多元數位事業的機會。

　　世界各國的電信服務通常都是特許行業，很難跨越國境提供服務，但momo已在台灣建立B2C電商品牌龍頭，且擁有自營倉儲及物流結構，林之晨認為，現在就是一個很好的時機，可以把這些知識與經驗拓展到東南亞市場。

　　momo在2014年3月合資成立泰國TVD momo公司，現已

躍居泰國第二大電視購物,此外,也在2021年8月參與越南最大本土電商集團TIKI的融資,投資新台幣約5.56億元。林之晨透露,未來會帶著momo繼續擴大東南亞的市場版圖。除了momo,台哥大旗下的myVideo行動影音平台,也有意與東南亞當地的電信商合作推展OTT服務。

一旦大東南亞區域的策略奏效,台哥大就能真正邁向國際企業,林之晨對此深具企圖心,更期待自己卸任時,海外營收至少要達到雙位數百分比,最好能占集團一半的營收。

展開兩階段轉型,企業戰略發展主掌新投資

要達成這樣的雄心壯志,只憑過去「電信公司」的營運思維以及組織架構,顯然是不足的,所以台哥大從2018年開始啟動了兩次轉型。當林之晨還是台哥大的獨立董事時,台哥大就展開了第一階段轉型。當時正處於4G世代的末端,電信業者普遍面臨業績衰退、獲利下滑的壓力,因此轉型重點放在將管理效率極大化,讓成本控制的速度超過營收下滑的速度,藉此來提升獲利。

現在的台哥大正處於第二階段的轉型,主要瞄準長期投資,包含5G與人才的投資。在人才投資方面,有一個很重要的嘗試,就是聘用了過去在新加坡國家投資機構服務、擁有豐富網路新創投資經驗的企業戰略發展(Corporate

Development）副總經理李廷峰，由他成立團隊、帶領企業戰略發展室，負責策略投資、策略併購、投後管理和綜效評估等工作。

在美國，企業戰略發展已經是上市公司甚至中小型公司的標準配備，但台灣還沒有這樣的思維，就算企業有設置這類單位也是隸屬於財務部門或研發部門，而不是直接向執行長報告，這也是台灣企業轉型容易失敗的關鍵因素之一。林之晨強調，企業戰略發展對公司轉型可以產生很好的槓桿效果，「我希望台哥大能作為示範，」他說。

「我期待這些新投資的數位事業，會在既有的電信平台上長出新的垂直成長引擎，並於五到十年後開花結果，屆時台哥大將是一家類似亞馬遜或Google這樣的公司，有一個堅強的本業，但在本業以外也堆疊出很多引擎，具有多元成長的動能，」林之晨描繪出他的願景。

注入新創DNA，共享知識與經驗

外界很常將焦點放在林之晨如何將原本在之初創投的新創DNA注入在台哥大，但他卻指出，台灣電信市場的競爭強度一直都很高，因此電信業者原本就具有擁抱改變、尋求成長的新創體質，且將發展新產品、新服務視為常態。

「電信業瞬息萬變，每天都在打仗，不管是新款手機、

OTT業務還是電信資費，都要不斷出招與接招，」林之晨笑說，他花比較多心力的，是讓團隊不只重視網路底層架構，更要去理解成千上萬的應用方式。

談到台哥大與之初創投之間如何協作產生綜效，林之晨坦言，知識交換與經驗交流比起真正的合作要多得多。「大家聚焦在不同的領域及目標，對齊的機率未必那麼高，我們期待有機的合作模式，無須強求要全面合作，」他解釋。

例如，有許多新創團隊正投入發展物聯網產品，台哥大團隊經常可協助之初創投新創公司更瞭解電信網路的特質與部署策略，開發出更好的物聯網產品；另一方面，也讓台哥大團隊瞭解之初創投團隊在做的事情，如有特定技術或應用想要切入，很快就能找到適合的夥伴。

在為數不多的合作中，91APP是相當特殊且成功的一個。林之晨表示，momo在綜合型電商經營得很成功，但從美國的發展趨勢來看，「直接面對消費者」（Direct to Consumer, D2C）的銷售模式正在快速崛起，因此他藉由過去之初創投投資91APP的經驗，幫助台哥大更瞭解91APP這種服務，改變對網路零售業的思維，最終台哥大投資了91APP，未來也會尋求與momo之間產生可能的綜效。

對標國際轉型典範，要成為台灣企業新指標

「認知到自身所處的產業，但絕對不能被現有行業限制住，因為每個行業都有生命週期，」林之晨強調，電信市場一定會越來越成熟，再過五到十年可能會被歸類成傳統產業，甚至要面臨生存保衛戰，唯有跳脫電信本業、尋求新的定位，才可能找到可長可久的經營之路。

現在，台哥大從上到下，都在為2023年超越電信龍頭中華電、2025年挑戰零售霸主統一超積極備戰，屆時台哥大將成為台灣營收規模最大的非金融與製造業公司。這個目標看起來有點「不可思議」，但林之晨認為根本不算「積極」，而是基於現有的5G、家用寬頻和momo電商等成長引擎，對未來三至五年營收的延續性評估，且尚未納入要介入的新行業及要投資的新創公司，可說是非常務實的評估。

「Google如果只做搜尋引擎，就不會這麼強大；蘋果如果只做電腦，就不會做出iPhone；亞馬遜如果還在賣書、微軟如果還在開發DOS系統，絕不會是現在的境況……，」林之晨對標國外數位科技領域轉型成功典範，要讓台哥大不只是電信的台哥大，而是網路科技的台哥大、大東南亞市場的台哥大，期許台哥大能創造出屬於台灣的轉型典範。（文／沈勤譽）

創生觀點 ··· 總主筆／黃日燦

1. 1990年代，電信業是當時全球炙手可熱的火紅產業，尤其是手機通訊。曾幾何時，語音已成夕陽生意，而電信通訊本業快速淪為乏善可陳的「自來水管」行業。眾皆深知電信業亟需轉型創新，但何去何從，卻莫衷一是。因為電信業是高度管制的特許行業，跨越國境展業的難度極高，無論是要開拓新市場，或創造新應用，都是說得容易做得難的大挑戰。

2. 台哥大選擇跳脫電信業舊思維，運用電信平台的基礎優勢，建構數位事業的新生態圈。揭櫫前瞻格局的超5G策略，台哥大計劃整合AI、物聯網和大數據等新科技應用，瞄準未來十年的成長區塊，目標是要把台哥大打造成大東南亞級的國際科技企業。這個策略思維的改變，看似順理成章，其實醞釀甚久，因為要扭轉電信人根深柢固的經營想法，絕非三天兩日就能克竟全功。就以台哥大與momo電商的合作來說，現在大家都看好未來發展前景亮麗，但從起心動念到付諸行動，卻是一段嘗試錯誤的漫長過程。

3. 台哥大現階段的轉型創新，成功關鍵之一就是抓對產業脈動，選對投資對象，眼光既要看得遠，又要看得準。在這方面，台哥大做了一個重要嘗試，從海外延聘一位網路新創投資經驗豐富的高手，組織團隊成立企業戰略發展室，

負責策略投資、策略併購、投後管理和績效評估等任務，直接向執行長報告。這種企業戰略發展單位，在歐美行之有年，但在台灣尚屬少見，即使有，組織位階大多偏低。台哥大的企業戰略發展室，未來成效如何，值得觀察。

4. 台哥大於2019年找了之初創投創辦人林之晨接任總經理，也入股投資了之初創投及其旗下創投基金。外界很好奇台哥大與之初創投之間會迸出什麼樣的火花？老創與新創之間的DNA會互斥還是融合？迄今，就如林之晨坦言，知識交換與經驗交流比真正合作多，未來可以期待但無須強求。的確，老創與新創的結合，有如器官移植，副作用難免，不宜操之過急，而應循序漸進，因勢利導，日久自然有功，而且最大的綜效可能會從意想不到的地方跳出來。

第 4 部

改寫產業定義

依循市場與產業的慣用經營模式,你頂多只能當老二,唯有造局者才能改寫遊戲規則,引領產業發展的方向

第 **13** 章

巨大機械工業──技術與品牌雙翼並進

既在地又全球
從品牌與代工間「天險」
殺出生路

坐落於台中科學園區第五期，2019年底啟用的巨大機械工業（即巨大集團，下稱巨大）全球營運總部聳立路口，在疾馳而過的車陣中，大樓上藍色的GIANT極為醒目，前後恰好都有「護國神山」台積電的廠房護衛。

比台積電早十五年成立，巨大不只是台灣經濟起飛的見證者，更是創造台灣產業奇蹟的主角之一。

1970年代的台灣，產業政策剛由「進口替代」轉為「出口導向」。當時，高速公路還沒完成，高鐵更是難以想像的概念，加工出口區是許多農村人口就業的最佳選擇，而大家上下班最常使用的交通工具，就是笨重的自行車。就在1972年，劉金標和夥伴們於大甲這個台灣中部的濱海小鎮創辦巨大。

過去，美國許多自行車店都拒絕維修台灣製造的自行車，因為品質不佳，然而巨大卻扭轉美國人對台灣自行車的印象。1980年代，當亞洲各地只有傳統的自行車店，巨大打造了捷安特（GIANT），引進美國兼具展示與銷售功能的品牌專賣店，甚至讓台灣消費者很長一段時間都以為捷安特來自國外，也徹底改變了自行車的形象。

巨大在起步的第一階段首先進行技術深耕，第二階段開始發展自有品牌，到了第三階段則是著手打造自行車的數據化生態系統，每個階段都在重新定義自行車，也重新定義自己。時至今日，巨大不僅持續推出多元創新的產品，更將自行車從運

輸工具提升為時尚風格及生活方式，在推動自行車文化及生態圈的道路上熱血衝刺。

即將滿五十歲的巨大在草創時曾苦無訂單、愁雲慘霧，但靠著專業的技術與服務坐上了台灣自行車龍頭，又因懷抱夢想而跨足品牌之路，一路打造出全球自行車品牌王國。巨大走過半個世紀的拚鬥歷程，堪稱台灣製造業在尋求轉型升級及發展全球品牌之際，最值得借鏡的企業之一。

深耕技術與品質，扭轉「台灣製造」形象

1970年代，台灣投入自行車業的廠商曾高達兩百多家，但後來因為國外市場需求下滑，加上品質不佳，最後存活下來的僅剩不到五十家，其中多數都是買零件來拼裝的貿易公司，不僅技術能力不足，更欠缺品質檢驗標準。

「那個年代，美國自行車市場剛起步，台灣有不少做自行車零件及組裝的工廠，但品質良莠不齊，同一台車的輪胎與輪圈會兜不起來，騎一騎就會脫落，美國自行車店看到『台灣製』（Made in Taiwan）都不願意修理，」巨大董事長杜綉珍點出當時台灣自行車產業的窘境。

不過，危機背後往往藏有商機。

重視基礎功夫的巨大創辦人劉金標深知品質的重要性，他在創立巨大之後，精心研究當時最夯的變速車，不僅前往日本

的外銷工廠實習，甚至帶頭引進「日本工業標準」（Japanese Industrial Standards, JIS），制定出台灣業界的CNS國家標準，苦口婆心說服台灣零組件廠商採用，徹底扭轉了台灣自行車品質的形象。

巨大成立的第二年，劉金標深刻體會到，擁有卓越的技術與品質，更需要出色的外銷人才，才有機會躍上國際市場。於是，劉金標力邀在中華貿易開發公司負責自行車專案的前執行長羅祥安加入團隊，借重他在商務貿易與英語方面的專才，全力擴展業務，兩人分別執掌內外，靠著美國進口商從日本轉來的訂單，讓營運逐漸邁上軌道。

啟動全球化布局，開啟自有品牌之路

讓巨大邁向第一個營運高峰的，是美國自行車百年品牌Schwinn。羅祥安抱著初生之犢不畏虎的精神，飛往美國芝加哥拜訪Schwinn執行副總裁，使對方對巨大的製程與檢驗設備留下深刻印象。後來因為日幣大幅升值，Schwinn決定從日本轉單至台灣，當時的巨大雖然規模還不大，還是靠著技術與品質勝出，開啟與Schwinn的緊密合作。

1978年打入Schwinn的供應鏈後，巨大的營運漸入佳境，年產能從原本的十萬輛突破到一百萬輛。另一方面，時任執行長的羅祥安將美國以「展示銷售」來推廣品牌的模式引進台

灣，於1981年在台灣推出捷安特，開啟了自有品牌之路。

　　許多台灣製造廠都曾面臨品牌與代工業務衝突的壓力，不過，捷安特的品牌業務卻沒有影響到代工生意，Schwinn仍持續轉單，使巨大得以維持代工與品牌雙線並進的型態，甚至以代工為主要營收的模式經營了許多年。

　　1980年代中後期，Schwinn有高達75%的產量都集中在巨大手上，「我們把產品與服務都做得很到位，他們卻瞞著我們悄悄前往中國大陸設立合資公司，可以說是真心換絕情，後來

巨大機械工業小檔案

經營團隊：董事長杜綉珍、總經理劉湧昌
成立時間：1972年
資　本　額：37.5億元
營收比重：自行車（90.7%）、材料（5.99%）、其他（3.31%）

近五年營收與EPS

我們才決心要全力衝刺品牌事業，」杜綉珍透露當時轉攻品牌的祕辛。

為了擺脫為人作嫁的代工宿命，巨大於1986年在歐洲也推出自有品牌，先落腳荷蘭，然後擴點到德國、英國、法國和波蘭等地，1987年成立美國分公司，接著又切入日本、紐澳及中國大陸，快速在全球主要市場建立灘頭堡。

高度授權在地團隊，跨越排外的文化隔閡

「我們在歐洲與美國都是跟策略夥伴合作，因為自行車其實是一個高度排外的行業，找到適合的在地夥伴就非常重要，」杜綉珍指出，巨大在歐洲是從荷蘭的公司起步，一開始就重用當地人，找來總經理和副總組成團隊，由合資夥伴協助營運管理，再由巨大全力支持他們，「後來合資夥伴有更好發展要去加拿大，我們買回股份，仍是高度授權給當地主管，」她解釋。

相較於歐洲市場經營得有聲有色，巨大在美國卻是一路跌跌撞撞。當時擔任財務長的杜綉珍透露，美國一連虧損了十四年，每年都至少虧損500萬美元，一直到2001年才轉虧為盈。真正站穩美國市場則是要到2010年之後，「如果不是歐洲有獲利，根本不可能一直彌補美國的長期虧損，」杜綉珍回憶。

儘管巨大在歐美市場積極擴張版圖，但進軍中國市場的腳

步相對緩慢。一直到1992年中國確立了經濟改革開放的方向之後，巨大才正式啟動布局，除了在江蘇昆山設廠，也瞄準蓬勃發展的中國市場。

幾經評估，巨大發現當地經銷商缺乏完善的信用制度與品牌思維，決定自建經銷體系，於大江南北快速布建兩千五百家專賣店，以高價定位及完善的售後服務成功打響名號。1998年，捷安特成了中國自行車的第一品牌。

開拓多元品牌形象，發展區隔化的高階產品

根據全球最大的品牌管理諮詢公司Interbrand統計，巨大旗下的四個品牌 —— 捷安特、Liv女性專屬自行車、摩曼頓（Momentum）城市休閒通勤自行車和CADEX高階自行車零件，在2020年合計品牌價值以5.62億美元獲台灣國際品牌第五名，且成長幅度達17%，居台灣十大國際品牌之冠。

「許多歐美高檔品牌都是我們做的，跟這些廠牌比起來，我們的品牌價值還沒得到應有的認可，」杜綉珍說，她以捷安特推出的Power Pro功率計為例，說明該項產品比高檔品牌更便宜，但功能卻有過之而無不及，「歐美廠商都很訝異我們能做到這個價格，」她強調，巨大未來將以頂尖技術與優異的性價比，持續擴大市場地盤。

另一方面，巨大在2008年就推出全球第一個女性自行車品

牌Liv，在杜綉珍接任董事長之後，也身體力行推動自行車運動，不僅經常參與環島，更不斷鼓勵女性透過自行車獲得健康與自信，讓Liv品牌獲得不少聲量。此外，杜綉珍也時常身穿Liv的專業車衣車褲，展現健康體態與年輕活力，堪稱是最佳代言人。

為了做出Liv的品牌區隔，巨大投入很多心力研究女性的身體構造、肌肉組成與力量輸出，改善騎乘體驗。在功能以外，Liv也設計了一系列女性專屬的車帽、車衣、車褲與車鞋等「行頭」，可搭配自行車的整體造型，創造出周邊產品可觀的商機。

品牌與代工雙軌並進，偕對手優化產業生態

既然巨大的品牌經營已相當成功，為什麼仍持續承接代工訂單呢？

杜綉珍解釋，這是從消費者出發的策略考量，畢竟巨大不可能滿足所有消費需求，為此，巨大將代工客戶當成策略夥伴，時常互相討論產業動向及市場趨勢。「我們跟一般公司不一樣，我們不跟其他品牌殺得你死我活，而是希望幫助客戶成功，」她強調，巨大的目標是藉由技術與服務讓客戶擁有最佳競爭力，並非以賺錢為最大考量。

一言以蔽之，巨大的競爭力，來自於劉金標傳承下來的厚

實技術基礎，以及持續追求最佳技術的組織文化。「我們的成功關鍵，在於優於他人的技術能力，只要是客戶想得到的，巨大都做得出來，因此我們擁有『自行車研究所』的美譽，」杜綉珍驕傲地說。

舉例來說，1980年代的車架是以鋼管製造，只有高單價的手工車才會採用輕薄且高強度的鉻鉬合金，羅祥安發現，如果能將鉻鉬合金的車種從800美元降到300美元，就很有機會掀起銷售熱潮。為了達到目標，劉金標帶領研發團隊開發出創新的銅焊技術及自動化設備，實現了這個不可能的任務。

接著，巨大還相繼研發出以合理成本大量生產的碳纖維和鋁合金加工技術，將過去只能應用於高級自行車的特殊材料導入大眾化車款中，不僅將捷安特品牌推上高峰，也實現了創業初期的理念——將品質好的產品以合理價格普及到全世界。

正因為技術創新與生產效率走在最前面，巨大得以在自有品牌享譽國際的同時，繼續承接代工訂單，甚至會「謹慎挑選」客戶。正因如此，台灣絕大多數製造廠在成長過程中遇到的品牌與代工事業衝突，至今仍未發生在巨大身上。

電動自行車反敗為勝，打造「類蘋果生態圈」

近幾年電動輔助自行車成為重要戰場，巨大也正加快腳步投入研發。杜綉珍強調，「我們研發的不只是自行車，而是騎

乘科學，關注人體如何透過自行車改善健康。」

現在，巨大不只經營機械型產品，更跨足電機、電控、物聯網和軟體等專業，大舉招募領域專家，希望開發出軟硬整合的解決方案。「有時候，人才搶不過其他公司，所以我們也希望能與外部廠商或新創企業合作，」杜綉珍提到，策略聯盟與併購都在巨大未來發展的選項之列。

「很多人以為巨大最近才開始做電動自行車，其實我們早在1998年就開始了，」杜綉珍說，當時巨大與曾任克萊斯勒（Chrysler）及福特汽車（Ford）總裁的艾科卡（Lee Iacocca）旗下E.V.G公司合作生產電動自行車，還在台中舉行全球發表會，但因銷售成績不如預期而草草收場。

團隊深切檢討後發現，應該從基本功做起，於是開始研究馬達、電池、控制器等基礎技術，並由傳統自行車與電動自行車的人才共同研發。相較於其他廠商幾乎都是採用外商的整體解決方案，巨大始終堅持自己設計關鍵零組件與開發電控軟體，為的就是讓消費者獲得更好的性能及差異化體驗。

從一路賠錢到揚眉吐氣，目前電動自行車占巨大營收已達30%，幾年內就可躍居成為營收主力。在這個全新戰場中，巨大又再度選擇不同的路線，要證明當台灣產業掌握了核心競爭力，就能擺脫對他人品牌與技術的依賴，展現自身價值。

走過近半個世紀，巨大繞了地球大半圈，又回到台灣加碼

投資，涵蓋研發、生產和品牌行銷共斥資逾50億元，除了在大甲廠擴建智慧製造的生產線，同時著手建置自動化國際物流中心，未來，更要將台中智慧化產線的成功模式複製到昆山、天津、荷蘭和匈牙利等基地，越南廠也計劃在2022年投產，可望讓全球生產供應鏈更加完整。

放眼未來，巨大希望能打造一個完整的自行車生態圈，就像是蘋果生態圈一樣。杜綉珍表示，大家使用蘋果手機、平板電腦和筆電，甚至是音樂、電視和各種App，彷彿都被蘋果綁架，「但巨大不是要綁架消費者，而是要讓用戶享受更好的自行車體驗，滿足多元生活型態。從孩童使用的滑步車（push bike）到銀髮族的電動自行車，從運動到通勤用途，我們都希望成為最好的陪伴者，」她自信滿滿地說。（文／沈勤譽）

創生觀點 ······················· 總主筆／黃日燦

1. 1970年代，台灣產業政策剛從「進口替代」轉為「出口導向」，巨大就是深耕技術製造優質自行車外銷的第一批尖兵，而且很快就取得美國自行車百年品牌Schwinn的龐大代工訂單，業務蒸蒸日上。後因Schwinn在1980年代中期另起爐灶，在中國大陸設立合資公司生產自行車，巨大為了擺脫為人作嫁的代工宿命，毅然決定在世界各地推出自有品牌捷安特。當時，各國自行車行業高度排外，於是巨大必須慎選各地合作夥伴，重用並授權在地團隊，才能快速在全球主要市場建立灘頭堡。也因此，巨大很早就開啟自有品牌之路，並比台灣大多企業更早在全球跨國在地經營，打造出全球自行車品牌王國。

2. 巨大從創業伊始，就非常重視技術研發和自有品牌相輔相成的經營策略，因此能以頂尖技術創造優異性價比的各式車款，把以往限用於高級車的特殊材料導入大眾化車型，支撐陸續展開的多元品牌，在各地不斷掀起銷售熱潮。在目前火紅的電動自行車領域，巨大也是堅持技術自主，投入龐大資源設計關鍵零組件和開發電控軟體，尋求掌握核心競爭力。長年來能夠品牌與代工並行，需要相當細膩的營運操作，獨到心法值得參考。至於持續技術自主升級，更是需要經營者堅定的決心，願意把利潤投入研發，勇敢

接受「努力未必就有成果」的風險，值得大家肯定。

3. 下一階段，巨大希望能打造一個「類蘋果生態圈」的自行車生態圈，滿足巨大自行車用戶的多元生活需求，從運動到通勤，從孩童到銀髮族。要落實「類蘋果生態圈」的建構，巨大必須能夠推動軟硬整合的數位轉型，必須與外部廠商或新創企業多方合作。因此，迥異於以往多靠自我成長的右腳，巨大今後更需注重外部併購和策略聯盟的左腳。從右腳到左腳到雙腳並用的調適，是巨大乃至很多台灣企業面臨的重大挑戰。

4. 很多人看到巨大的風光，卻沒注意到樸實專注的企業文化才是巨大成功的磐石。巨大厚實的技術能力，和美國市場連虧十四年的無怨無悔，在在都反應了巨大「謀遠利不圖近功」的永續經營理念。當年「出口導向」的第一批尖兵裡，很多企業賺了錢後迷失自我，不旋踵就「樓塌了」。即將慶祝五十週年的巨大，卻仍屹立不搖，還要轉型升級，繼續成長茁壯，確是「台灣水牛」精神的最佳見證。

第 14 章

信義房屋——把社區與環境當作關係人

打破隔閡與防線
以誠信打開客戶「心占率」

　　房屋仲介時常給人「能說善道」的刻板印象，這也讓許多人在與房仲人員交手時，不免擔心斡旋的過程處處有陷阱。而信義房屋不僅扭轉了台灣房仲業的形象，更跨足到社區服務，在疫情嚴峻、許多家戶社區紛紛築起防護線的2021年，信義房屋的員工卻是少數能夠取得社區信賴的一群人——他們穿越實體的界線，讓居民卸下心理防線，讓社區服務不受疫情的影響。

　　信義房屋是如何做到的？

　　1990年代後期，信義房屋的招牌開始出現在大街小巷，為了打破房仲長期為人詬病的交易資訊「不透明」，信義房屋在1989年開始製作不動產說明書，早於法令規定整整十年。當信義的業務人員穿起西裝，把一本本載明房屋詳細資訊、代表著交易保障的說明書交到客戶手上時，也同時啟動了台灣房仲的市場生態轉型。

　　2004年，信義房屋再度轉型，從商圈經營走向社區服務，讓房仲人員深入社區，協助家戶解決房子與居家生活的大小事，讓「建立信任」成為比獲取訂單更重要的事。

　　2015年，為了加速數位轉型，信義房屋推動「智能賞屋」和「O2O大數據分析」，同時也積極發展居家生活生態圈，營運模式從低頻率的房屋買賣延伸到高頻率的全方位居家生活服務。

　　這家四十年的老牌公司，從房仲業跨足營建開發、生活服務和觀光旅遊等領域，一步一步擴大「心占率」（mind share）。信

義房屋憑藉的不是業績至上的數字管理，而是創辦人周俊吉從創業第一天傳承至今的核心價值──「先義後利」。

創業理念與眾不同，只求「適當利潤」

在台灣的房仲業中，信義房屋始終獨樹一格。當同業壓低員工薪資甚至不提供底薪，以高額業績獎金讓仲介人員一味追求佣金收入時，他們以高於市場行情且透明的薪資，提供半年保障底薪來培養社會新鮮人；當有些仲介利用資訊落差來賺取不當獲利、導致交易糾紛頻傳時，他們首創購屋保障制度，並耗費大量的成本與心力製作不動產說明書；當同業靠加盟店快速擴大規模並賺取加盟金時，他們堅持只開設直營店，確保品牌精神與經營理念得以徹底落實。

外界看來不可思議的做法，背後都與周俊吉的經營哲學息息相關。

「從成立之初，我就希望信義房屋可以跟別人不同，我們一定要有自己的信仰與價值，才能支撐我們朝這個信念一直走下去，」周俊吉說，在信義房屋七十字的立業宗旨*中，明確提到應追求適當利潤，不允許有暴利，「這樣的想法在當時相當罕見，直到現在都還非常稀有。」

---

*信義房屋創業時的立業宗旨：吾等願藉專業知識、群體力量以服務社會大眾，促進房地產交易之安全、迅速與合理，並提供良好環境，使同仁獲得就業之安全與成長，而以適當利潤維持企業之生存與發展。

　　法律系畢業、二十八歲創業的周俊吉，當初懷抱著導正房仲業的理想，毅然決然創業，投入買賣房屋服務。年輕時他就經常閱讀松下幸之助的書籍，深受其「自來水理論」影響，覺得企業的責任就是要把大眾需要的東西，變得像是自來水一樣源源不絕，而且便宜可靠，先讓顧客受益，完成對社會的義務之後，企業自然會有獲益。

　　從「先義後利」的起心動念出發，周俊吉認為企業一定要對社會群體有所助益，例如，他成立信義房屋，就是為了促進

信義房屋小檔案

經營團隊：董事長薛健平、總經理劉元智
成立時間：1987年
資 本 額：73.7億元
營收比重：房屋仲介及代銷業務（92%）、不動產開發（8%）

近五年營收與EPS

房地產交易能在安全、迅速且合理的交易條件下達成。「人類社會原本就是因利人利己而存在，儘管有極少數人會做出損人利己的事，但絕大多數人都會選擇利人利己，」周俊吉強調利人與利己並不衝突，一路走來，他也始終保持著初衷。

房屋買賣主角，是「人」而非房子

許多人都認為房屋買賣的主角是「物件」，但對信義房屋來說，房屋交易的主角是「人」，房屋是一家人生活的地方，社區則是居家生活的延伸，也是讓幸福變大的場域。

這樣的企業信念如何落實在第一線同仁的日常工作？

早在2004年，信義房屋就開始推動「社區一家」計畫，2014年又升級成為「全民社造行動計畫」，涵蓋社區營造、環境保護、地方創生、社會共融和銀髮關懷等面向，至今累計共有近一萬兩千件提案、嘉惠逾兩千六百個社區，成為台灣單一企業規模最大的社造行動，也是首次有民間企業獲得「總統文化獎」的殊榮。

另一方面，信義房屋也額外編列預算，鼓勵各分店同仁積極與社區民眾互動。2020年全台四百七十多家分店就舉辦了九千六百多場社區活動，光是留下資料的參與者就有三萬多人次。信義房屋轉型長周耕宇表示，許多住戶因為這些社區活動而認識了信義房屋，不管是不是信義的客戶，只要住戶遇到房

子的大小事，同仁都會站到第一線給予協助，即便這些活動或服務不會產生立即的業績，但同仁們依然樂此不疲。

對於信義房屋的同仁來說，協助抓漏、修理紗窗、擔任學校的導護老師和教導書法都是家常便飯，到了聖誕節，他們還會扮演聖誕老公公幫家長送禮給孩童，成為社區每個家庭的好朋友。

以「信任」為核心，延伸到居家生活服務

當特殊狀況像高雄氣爆和新冠肺炎疫情發生時，各分店的同仁也會傾力相助，持續為社區服務，例如幫氣爆受災戶買水送水，或在疫情警戒時進入社區贈送防疫包，而不是把自己當成受災戶。

走入社區這件事情看來稀鬆平常，但在重視隱私、人際互動普遍疏離的都會地區，當人與人之間的信任感日漸薄弱，要讓陌生人進到家裡，絕對不是一件容易的事。

「我們這個產業比較特別，是少數可以登堂入室、走入別人家門的服務業，」周俊吉點出房仲業的特殊之處，「『認識人、被認識、被信任』就是我們推動社區服務的核心，」只要有機會讓社區民眾認識、產生信賴感，未來如有房屋交易的需求，自然會想到信義房屋。

從低頻率房屋買賣，轉型為居家生態系統服務

不過，房屋買賣畢竟是頻率很低的交易行為，為了與客戶有更緊密的連結，信義房屋很早就延伸服務範圍，滿足客戶在居家生活各方面的需求。

以信義居家平台為例，上頭有設計裝潢、修繕、清潔、搬家、除蟲消毒、二手家具和智慧家電等嚴選廠商，可以提供各種引薦媒合服務；另外，透過轉投資的有無科技，信義房屋也推出「社區幫」App，為社區量身打造創新智慧服務，整合管理費線上支付、郵件到貨通知、社區公告發布和居家服務等功能於一身，協助解決社區生活的大小事。

周俊吉指出，信義房屋希望建立「以居住為中心」的生態系統，將核心本業的低頻率服務與中高頻率的居家生活服務融合，如此一來，社區服務的「最後一哩路」就能更加落實，服務也能更加全面。

加快數位轉型腳步，在疫情中逆勢突圍

為了打造居家生活生態圈，讓數位工具與科技應用扮演更積極的角色，信義房屋近幾年也明顯加快數位轉型的腳步，重新檢視交易本身與交易完成前後的流程。繼2017年推出線上融合線下的專案和官網及App的改版後，2018年整合相關部門，成立數位智能中心，積極發展大數據分析及個人化服務，2020

年底更成立轉型辦公室，集結公司內部人才並對外招募一百名數位專家，同時邀請專業顧問團隊進行輔導。

讓消費者最有感的數位工具應屬2020年推出的DiNDON智能賞屋功能，內建3D賞屋、七百二十度全景看屋及3D變裝模擬，還可透過線上量尺概算尺寸，並使用AI演算法與即時渲染技術，瞬間為原有的內裝套入現代、北歐和新中式等不同風格，讓客戶能預見居家未來的樣貌。

此外，信義房屋也推出業界首創的「AI講房」功能，利用文字轉語音技術（Text-to-Speech, TTS），將生硬的文字轉化為如真人般流暢的智慧房仲語音導覽，消費者可以「單純聽講房」或「搭配畫面聽」，瞭解物件附近的生活機能、社區環境與成交行情。

根據統計，DiNDON智能賞屋功能使網站的到訪人次及流量成長了七至八成，物件委託量也增加兩到三成，在疫情期間更是大幅提升找房效率。

蒐集虛實軌跡，精準掌握客戶需求

至於O2O大數據分析功能，則是進行線上與線下的虛實軌跡蒐集，試圖透過大數據分析來描繪每個家戶的樣貌，未來還會串連用戶參與社區活動的足跡。

周耕宇解釋，如果有客戶要找房子，從線上聯繫互動開

始，一直到店頭選看物件，這些行為數據都會被蒐集起來，進行統整歸納，藉此分析客戶的偏好，提供更適合的物件及生活圈。「為此我們還特別聘用行為科學家，深度分析消費者的軌跡及需求，提供更精準的配對，」他解釋。

過去房仲人員與消費者很多年才會交易一次，能掌握的數據相當有限，但現在有了居家生活圈服務，就能蒐集更多的系統數據，搭配同仁在社區內與家戶建立的深度互動，長期累積下來，自然可以精準掌握客戶需求。不僅是理想物件的類型，甚至連何時需要粉刷、修繕，或是要換何種家電，信義房屋都能做出最貼近個人需求的建議。

當服務範圍從房屋買賣擴展到社區生活服務，為了打造更完整的生態圈，信義房屋也積極向新創業招手。周耕宇透露，信義房屋跟新創公司有幾種合作模式，其一是業務合作，「如果成交客戶需要搬家、設計裝修、投保火險或申請貸款，我們都可幫忙牽線，實施至今已有二十多年；第二是更深度的合作，提供後台系統與技術支援，例如居家清潔服務；第三則是更進一步評估是否投資或收購。」

在數位科技和居家服務等多重引擎帶動下，信義房屋內部已擬定非常積極的目標。雖然目前每年仲介成交件數不到兩萬件，但預期到了2025年，人均成交件數能成長到二至三倍、總成交件數上看五萬件，服務範圍也會從都會區擴展到郊區。

在信義房屋正大力推動的居家生活生態圈方面，預計2025年可達一百萬活躍用戶，屆時，在全台灣社區的覆蓋率將可達到15%至20%。

海外市場多頭並進，沙巴打造永續零碳島

除了在台灣市場加速轉型，信義房屋在海外也採取多頭並進的方式，現有版圖已遍及中國大陸的上海、無錫、蘇州及杭州，還有日本的東京及大阪，以及馬來西亞的吉隆坡等地，提供包含房仲與不動產開發等服務。

周俊吉表示，目前海外貢獻營收較多的是上海與無錫的開發業務，但適應最好的是日本市場，他認為可能與日本守法守紀的文化有關。信義房屋在日本經營已超過十年，「因為我們企業文化本身就很守規矩，因此在當地也適應良好，原本主要客戶為台灣人，但現在日本人越來越多，目前二手房交易比例已經超過一手房，」他分析，這意味著買賣雙方至少有一方是日本人，也顯示出信義房屋已經獲得當地人的信賴。

更受大家矚目的是，信義房屋於2019年在馬來西亞的沙巴（Sabah）斥資新台幣10多億元，將以淨零碳排原則進行開發，首度跨足觀光旅遊事業。

這座充滿環保實驗精神的零碳島，只會興建兩座飯店，完全採用太陽能與多元再生能源，由自有地下水供應水源，食物

則由自建的菜園與雞舍來供應，打造循環農業，且不建機場與跑道，只用海運作為交通工具，另以當地的濕地、珊瑚和生態保育來平衡碳足跡。

「我們不是因為這幾年環境、社會與企業治理（Environmental, Social, and Governance，下稱ESG）議題很熱才開始做，而是很早就把社區與環境當成『利害關係人』（stakeholder），」周俊吉強調。信義房屋從2013年就致力於減碳，以Polo衫取代西裝為夏季制服、不准員工張貼租屋的紅紙條廣告、以數位派報取代紙本派報，加上把不動產說明書完全數位化等，這些作為有效讓成交案件的人均碳排放量減少52%之多。

或許在外界看來，零碳島與信義房屋的本業似乎風馬牛不相及，但瞭解周俊吉的人都知道，他從年輕時就是環保先鋒，而信義房屋多年前就一直是各大媒體企業社會責任的獲獎典範。或許經營重心與營運模式會隨著環境變化而改變，但周俊吉強調，「心安理得」、「賺良心錢」與「利人利己」的信念，是信義房屋不會改變的核心價值。（文／沈勤譽）

創生觀點 ⋯⋯⋯⋯⋯⋯⋯⋯⋯⋯⋯⋯⋯⋯ 總主筆／黃日燦

1. 很多人創業是為了賺錢，在企業成長過程中，再慢慢塑造企業文化，確定經營理念，並建立商業模式。惟有信義房屋，在1981年創立之始，周俊吉創辦人就揭櫫了七十個字的立業宗旨，迄今奉行不渝。在該宗旨中強調的「促進房地產交易之安全迅速與合理」、「提供良好環境使同仁獲得就業之安全與成長」，和「以適當利潤維持企業之生存與發展」，信義房屋在過去四十年來都一一落實到公司的商業模式、組織環境和文化理念裡。若說周俊吉創業是為了貫徹他的理念，似不為過。更難能可貴的是，信義房屋不但有理念，而且會賺錢，證明了「先義後利」是可行的王道。

2. 為了落實「房地產交易之安全迅速與合理」的理念，信義房屋很早就推出了購屋保障制度，製作了資訊透明的不動產說明書，改變了台灣房仲產業的生態。為了確保品牌精神，信義房屋堅持只開直營店的經營模式，放棄吸納加盟店快速擴充的可能性。取捨必有得失，有理念才能堅持，否則容易隨波逐流。

3. 為了落實追求「適當利潤」而非「最大利潤」的理念，信義房屋一方面需要招攬培育具有相同理念的員工，另一方面在業務推廣上也需要發揮更大創意，不斷推陳出新，才

有辦法在同業激烈競爭之下脫穎而出，維持忠實客戶的長期黏著度。所以，在擴大客戶「心占率」上，信義房屋從早年的商圈經營走向社區服務，從「社區一家計畫」升級到「全民社造行動計畫」，成為台灣單一企業規模最大的社造行動，得到民間企業首次獲頒「總統文化獎」的殊榮，同時也為未來從房屋買賣進軍居家生活服務新商機奠定了先行者的優勢。既有理念，又有實惠，大我與小我的利益相互結合而並行不悖，真乃企業經營的最高境界。

4. 信義房屋一路走來，勇於創新，近年又加速數位轉型，蒐集虛實軌跡，透過數位科技和智慧營運，希望能更精準掌握客戶需求，擴大提供客戶服務，打造出更為完整的客戶生態圈。更受矚目的是，信義房屋於2019年在沙巴斥資新台幣10多億元，將以淨零碳排原則進行開發兩座飯店，首度跨足觀光旅遊事業，就充滿環保實驗精神，計劃打造永續零碳島，又是一樁「只求適當利潤、不求最大利潤」的重大決策，深具啟發意義。

第 15 章

聯嘉光電——特斯拉尾燈指定供應商

提高競爭門檻
跨入汽車產業深水區

　　全球最暢銷的電動車是特斯拉（Tesla）Model 3，截至2021年4月，特斯拉光靠這個車款，就拿下全球9%電動車市占率。而這組吸睛的LED車尾燈，正來自於台灣的聯嘉光電。

　　在美國，每6.2輛新車就有一台車是用聯嘉光電的LED照明產品。現在，聯嘉光電已打進豐田（Toyota）、福特、通用汽車（General Motors, GM）、BMW、賓士（Mercedes-Benz）、福斯（Volkswagen）與特斯拉等全球超過四十五家汽車廠的供應鏈，「2026年目標成為全球前五大車用LED供應

聯嘉光電小檔案

經營團隊：董事長黃國欣、總經理黃昉鈺
成立時間：1995年
資 本 額：18.3億元
營收比重：車燈應用（91％）、工業應用（5％）、綠能產品（4％）

近五年營收與EPS

合併營收（億元）　　EPS（元）

商，」聯嘉光電總經理黃昉鈺表示。

聯嘉光電原以生產LED聖誕燈聞名，早在1998年就是全球最大的ODM供應商；隨後，聯嘉把全球第一個小綠人號誌燈推上大馬路，這個台灣街道的小綠人風景，立即吸引全球目光。號誌燈產品廣布美國、加拿大等國市場，在西班牙市占率高達八成，在台灣也拿下六成市場。

穩坐全球第一大LED聖誕燈、前三大LED號誌燈供應商，但是長期關注市場變化的黃昉鈺也發現到這兩個產品市場，逐漸有大陸業者以低價產品進入，一開始大陸業者的產品品質不如聯嘉光電，但只要假以時日，大陸業者的生產品質也會追上來，遲早會變成紅海市場。聯嘉光電必須趁著LED聖誕燈與號誌燈還有賺錢的時候，及早展開轉型。

於是聯嘉光電在2000年啟動兩階段轉型工程，逐步放棄當時最紅的LED背光與照明市場，將本業賺的錢投入研發在才萌芽且門檻很高的車用市場，花上十多年時間，轉型成為車用LED大廠，現在的九成營收來自於車燈。

當全球經濟受到疫情衝擊時，聯嘉光電的訂單能見度卻已看到了2027年，訂下2026年挑戰營收100億元目標。究竟這家企業是如何先蹲後跳，成功轉型車用LED廠商？

放棄先行者優勢，背離潮流走自己的路

當產業主流都往某一個方向走，聯嘉光電卻決定不跟，這需要很大的勇氣與洞察力支撐。

十多年前，由於大尺寸液晶電視與智慧型手機快速崛起，液晶電視尺寸越做越大，背光模組從傳統的冷陰極螢光燈管（CCFL）轉換到高亮度的LED背光光源，在這一個技術快速轉移的時代裡，誰能做出高品質的LED，誰就能賺進白花花的鈔票。

這對於聯嘉光電是一個絕佳的市場切入契機，正好董事長黃國欣在美國西北大學（Northwestern University）攻讀博士時，就是鑽研LED技術，擁有豐富的LED研發與生產經驗的他，在台灣可謂LED產業教父級人物。「我們是全台灣第一家跟奇美電合作，做出一千台LED背光液晶電視的公司，」黃昉鈺提高語調說。

面對市場熱潮時，更需要冷靜的頭腦，身處這一波強勁的LED背光與照明的市場潮流，當大部分LED同業都不斷加碼擴充產能之際，聯嘉光電卻選擇走一條不一樣的道路，從沸沸揚揚的LED背光市場退出。

黃國欣與黃昉鈺這對夫妻觀察到，當時LED產業一窩蜂地衝刺擴充產能，但這個經營模式不適合聯嘉光電，長期研究LED技術的黃國欣深知，不斷透過資本市場增資添購機台、大

打產能競爭遊戲這一條路走不長久。黃昉鈺強調，唯有掌握關鍵技術並與客戶建立起長期合作關係，才是聯嘉光電希望發展的策略。

再加上，2009年起中國政府全力扶植LED產業，直接補貼業者購買金屬有機氣相沉積設備機台（MOCVD）50%金額，短短五年內，中國業者就拿下全球47%的產能。

聯嘉光電經營團隊評估LED毛利，大約為20%至30%，很難打贏中國LED產業的不公平競爭，如果聯嘉光電繼續經營LED照明與背光產業，將很難長久經營下去。

時間很快就證明聯嘉的決定是正確的。當時，雖然聯嘉生產的交通號誌證產量連續兩年世界第一，卻也發現中國做的號誌燈已賣到西班牙，且售價只有聯嘉的一半，這讓聯嘉在西班牙市占率由93%降到85%，中國生產的LED照明產品價格甚至降到聯嘉的三分之一。黃昉鈺語重心長地說：「當門檻降低，很多人進來搶，就要趕緊走。」

轉戰汽車產業，提高LED產品應用門檻

往哪裡走？聯嘉光電選擇轉戰車用市場，開始對內重新檢視聯嘉的核心能力，對外研究LED應用市場趨勢。

經營團隊發現，汽車產業的照明設備正準備從傳統的鹵素燈泡轉型到LED，陸續有些車款開始在車尾安裝LED方向燈，

增加外觀的科技感。他們認為，以自身長期建立的LED光機電整合能力，加上研發與製造部門幫客戶解決問題的本領，車用LED正是聯嘉的新切入點。

聯嘉毅然決定進軍車用LED市場，要先穩住LED照明本業收入，再將資源挹注到車用LED開發。「做轉型決策時，首先要看公司在產業的優勢在哪裡？競爭對手是誰？」黃昉鈺說。

由於汽車產業對產品的安全性與可靠度的標準極高，只要零組件出現問題，就要全球召回更換，對於商譽的衝擊極大，因此品質成了決勝條件。此外，車廠對於新產品導入的驗證期往往長達三到五年，這與電子業快進快出的特色完全不同，「汽車業重視創新能力，更要追求零缺點，困難的事反而有機會，」黃昉鈺強調，要打入汽車業的供應鏈很難，但經營高門檻的市場，也正吻合聯嘉的特質。

放棄了液晶電視LED背光產品賺快錢的機會後，聯嘉走上汽車LED市場的征途。

蹲點車廠練功十餘年，垂直整合六大領域技術

當時，汽車廠第一階（Tier 1）的車燈供應商，強項都在模具設計與製造，擁有深耕塑膠射出與金屬鑄件的功力，他們能夠依照每一個車款設計出漂亮的車燈組，裝上燈泡後就成為重要零部件。但是，越來越多消費者無法滿足於這樣的車燈設

計，於是車廠開始將LED裝到車燈上，結果大受歡迎。但這樣也不夠，許多消費者希望LED車燈能夠從一顆顆的點狀光源變成曲線狀的導光條，讓愛車更酷炫。

當市場需求劇烈轉變，原本的車燈供應商難以應對，畢竟他們數十年來的核心能耐都是建立在塑膠與金屬件的設計製造上，「他們沒有很好的LED光源設計能力，所以就很依賴像我們聯嘉這樣的供應商，」黃昉鈺分析，聯嘉在光機電整合與設計能力，成了切入汽車供應鏈的優勢。

車燈從「點」光源演進為「線」光源看似簡單，背後卻有很難跨越的技術門檻。聯嘉抓緊了這個契機，2000年開始與美國Flex-N-Gate、加拿大的麥格納（Magna）等車燈大廠合作，先從車內的節能LED照明元件開始練功，逐步建構起高度垂直整合的光學、散熱、機構、電路設計、LED封裝和軟體韌體（software & firmware）設計等六大技術能力，讓客戶可以一次解決LED車燈開發的問題，「目前沒有任何一家公司同時具備這六大技術，」黃昉鈺強調。

擊敗全球供應商，成功切入特斯拉供應鏈

聯嘉光電在汽車產業練功十六年，終於獲得一次對全球各大車廠展示研發能量的機會。

2016年，聯嘉光電靠著這六大技術打贏一場關鍵戰役。

當時特斯拉開出Model 3的設計規格，希望車燈供應商能設計出高亮度、顏色均勻、不刺眼與曲線造型的車尾方向燈與煞車燈，雖然所有廠商爭相提出車燈設計方案，但就連韓國大廠LG也做不到特斯拉要求的漂亮程度。

最後，這家大型車燈廠商找上了聯嘉，聯嘉立即設計數款LED光源模組給客戶選擇，使特斯拉驚豔不已，「可是特斯拉認識LG，不認識聯嘉，」黃昉鈺坦承，當時特斯拉內部歷經很多掙扎與開會討論，再經過實際測試，最後，終於敲定由聯嘉供貨給車燈廠Flex-N-Gate，讓聯嘉成功切入特斯拉供應鏈。

市場八成以上的車用燈光源集中在幾家大廠手上，聯嘉取得特斯拉車尾燈訂單的致勝關鍵，在於「做出市面上沒有的『線狀』光源，創造出差異化與特殊性，且具低成本優勢，」董事長室技術協理蔡增光分析，特斯拉Model 3這一役也打響了聯嘉在汽車產業的創新光源知名度。

建實驗室加速檢測，即時回覆客戶需求

然而，擁有厲害的技術研發實力，並不足以讓這些世界級車廠與車燈廠商認為聯嘉是可以長期合作的夥伴，取得客戶信任的關鍵，是回應的速度與產品的品質。

為快速滿足客戶需求，聯嘉投下大量資源在台灣總部建立實驗室，自己就能快速檢測產品，不必花大量時間去車輛研究

測試中心排隊檢測，大幅縮短一來一往的產品測試時間，也讓聯嘉研發團隊爭取到更充裕的研發與修改時間。

「聯嘉每次接到客戶委託案時，都會投入心力快速提出一至三種技術方案，盡量將各領域的技術都涵蓋在內，」聯嘉光電廠長盧俊臣指出，車廠在開發新車時，都會希望車燈供應商將不可能的設計方案變成可能，而聯嘉就是那個能滿足各種需求的供應商，甚至做出超乎期待的LED車燈。

赴美設廠搶市占，籌謀建造歐洲供應鏈

聯嘉為貼近客戶，2018年直接進駐美國汽車生產重鎮的密西根州丹帝市（Dundee）設廠。黃昉鈺表示，雖然美國密西根州與台灣有時差十二小時，「但聯嘉會即時接收客戶修改需求，台灣研發總部幾分鐘後就將設計修改案傳過去。」這樣的速度讓聯嘉光電順利打進了全球四十五家汽車廠的供應鏈，成為許多新型汽車的合作研發者。

在美國密西根州設廠，不僅能就近供貨給客戶，更讓聯嘉避開美中貿易戰的衝擊，成為深耕北美汽車市場的重要生產據點。在美國總統拜登（Joe Biden）喊出汽車70%零組件要在美國製造的目標後，聯嘉也快速興建第二期廠房，要成為北美前五大車燈模組供應商，目標是拿下全美20%市占率。

接下來，聯嘉更規劃併購歐洲廠商，建立生產基地，就近

服務歐洲車廠客戶。

在組織管理方面,聯嘉大舉聘僱國外車廠與車燈廠的外籍主管,讓營運模式對接到全球汽車產業,「用汽車產業的語言溝通,並且引進汽車產業重視的品管制度,」盧俊臣強調。為了進軍歐洲車廠,聯嘉挖角了德國車燈大廠Hella的品質管理主管來擔任全球品質系統總監,布局歐洲汽車供應鏈。

從產業轉型到定位轉型,產業角色不斷升級

靠著扎實的技術能力與使命必達的服務態度,聯嘉逐漸從第三階的LED零件供應商,晉升為第二階的模組供應商。隨著汽車廠大量全面採用LED光源,聯嘉在接收到不同需求時,總是能提出創新設計,「越來越多車燈廠客戶把我們公司帶進去,跟汽車廠直接開會,」黃昉鈺笑著說,正因如此,汽車廠越來越認識聯嘉。

現在,聯嘉在汽車供應鏈的地位再往前進了一步,成為1.5階供應商,越來越多車廠直接找上聯嘉與車燈廠商在新車研發階段協同合作。

從LED雷射測試設備和節能產品的供應商做起,聯嘉一路走過了產業轉型與定位轉型,前者是從光電產業的一員變成汽車LED車燈的供應商,過程花了十幾年的時間;後者是從提供LED元件到提供光電模組和光源設計給汽車廠,讓他們設計新車,再去服務第一階的燈具廠。

專注核心競爭力，放棄優勢才能成就更大優勢

聯嘉從本業鍛造出過往同業難以跨越的技術門檻，讓原有的汽車供應商難以企及。

在轉型的過程中，領導者與經營團隊要找到未來產業長期的發展方向，而且那個產業必須要能配合公司的核心競爭優勢和DNA，「還有一點很重要的是，領導者要能放棄會讓公司浪費資源的部分，資源的運用必須專注在建立核心競爭優勢上，」黃昉鈺指出，建立與同行的差異性正是企業轉型成功的關鍵因素。

聯嘉光電藉著隨時對內檢視企業競爭力與持續關注十年後的市場趨勢，避開了LED低價競爭的紅海市場，背後的思維正是拋開先行者優勢的光環，將本業賺的錢，投入下一個新興市場的技術研發裡，最後把車用LED從冷灶燒成熱灶，「聯嘉的目標是希望在十年內成為全世界車燈創新光源的供應廠商，」黃昉鈺自信地說。

聯嘉的目標很遠大，挑戰也很大。（文／江逸之）

創生觀點 ·· 總主筆／黃日燦

1. 聯嘉原是LED聖誕燈及號誌燈龍頭廠商，但二十年前就預見大陸業者挾政府補貼低價搶標之趨勢，毅然急流勇退，果斷放棄先行者龍頭優勢，撤出熱門的LED背光產品，轉進當時還是冷門的LED車用燈市場，膽識獨到，勇氣可嘉。

2. 企業轉型升級的決策關鍵，必須考量自己的產業優勢何在，以及競爭對手是誰。在選擇高技術門檻的車用LED燈領域時，聯嘉觀察到車用市場內原先供應商的強項在塑膠與金屬件的設計製造，但對新亮點的LED光源設計能力卻有所欠缺，而這正是聯嘉的本行專業，因此，應該有放手一搏之餘地，也有互補長短的空間。結果，盤算固然沒錯，一頭栽進去後蹲點練功了十幾年，才開始展露身手，打響名號，取得全球各大車廠的信心和訂單。由此可見，轉型升級不是一蹴可幾的短跑衝刺，而是必須持之以恆的馬拉松考驗，眼光要夠遠，腳力要夠強。

3. 除了深耕核心技術研發能力外，聯嘉能夠脫穎而出、彎道超車，還靠聯嘉「貼近客戶」的經營策略。聯嘉不但前進美國、歐洲設廠，排除時差限制，就近服務客戶需求，甚至還廣聘具有豐富經驗的外籍主管，以利對接全球汽車產業的營運生態，避免文化及語言的隔閡。卓越的技術能力，加上接地氣的商業模式，讓聯嘉如虎添翼，在全球車

用LED燈戰場上，攻城掠地，無往不利。

4. 聯嘉長年專注於核心競爭力，更能前瞻未來產業趨勢，善用減法取捨，聚焦價值產品，又敢於放棄既有優勢踏出舒適圈，捨紅海就藍海，挑對冷灶把它燒成熱灶。台灣產業要脫胎換骨，就需要更多類似聯嘉的企業，敢走不一樣的路，做不一樣事情的人。

第 **16** 章

大聯大控股——從核心本業出發帶動產業轉型

「第一大」只是過去
推動變革才能決勝未來

　　你一定熟知街頭到處可見的便利商店，可能還知道哪家是市場老大，但你不一定認識大聯大。

　　其實，大聯大同樣是零售通路商，並且是全球排名第一的半導體零組件通路商。位於半導體產業鏈的中游，大聯大的上游原廠有英特爾（Intel）和三星這類整合製造廠，以及高通（Qualcomm）與聯發科等IC設計公司。大聯大的任務就是經銷或代理上游原廠的產品，精準、迅速且確實地送到下游的電子製造服務（Electronic Manufacturing Services，下稱EMS）、ODM與OEM等代工廠。

　　通路商的核心價值在於倉儲，包含訂單管理、存貨管理與銷售管理等運籌工作，協助上游推廣產品，賺取銷貨過程中的價差。乍看之下似乎沒有太大經營難度，但由於半導體的上游廠商固定，下游的電子產品市場通常維持穩定成長，再加上通路的低毛利特性，這些都是無可避免的發展侷限。

　　這些年來，原廠回收代理產線與同業搶食大餅的挑戰，使得這個夾在中間的產業成為競爭激烈、價格殺到見骨的紅海市場。除了不斷削價競爭之外，還有什麼方法能夠翻轉遊戲規則？大聯大想到了「與敵人變隊友」的策略。

　　大聯大開始與過去的競爭對手合組控股公司，試圖走出紅海。「前端要分才會拚，後端要合才會贏，」大聯大控股董事長黃偉祥指出，合作方式是整合不同企業的後勤、財務、倉儲

與資訊系統，前端的核心業務仍維持獨立經營的競爭關係。這種「兄弟各自爬山」的營運模式，果然讓營業額高速成長，從2005年的新台幣1,161億元，到2020年已突破5,745億元，十五年來就翻了近五倍。

讓過去的競爭對手成為集團夥伴，大聯大持續透過水平整合與併購，不到十年就成了全球最大半導體通路商。現在，競爭對手就是自己，大聯大不斷挑戰自己過去的成績，致力於提

大聯大控股小檔案

經營團隊：董事長黃偉祥、總經理張蓉崗
成立時間：2005年
資　本　額：187.9億元
營收比重：核心元件（33.17%）、記憶元件（20.76%）、類比及混合訊號
　　　　　元件（15.33%）、離散及邏輯元件（13.26%）、光學及感測
　　　　　元件（9.78%）、被動、電磁及連接器元件（5.42%）、其他元件
　　　　　（2.28%）

近五年營收與EPS

合併營收（億元）　EPS（元）

升通路的專業價值,發展一系列的數位平台「大大網」與智慧倉儲LaaS(Logistics as a Service),要讓倉儲成為服務,積極解決現有通路與倉儲的痛點。

大聯大因為不斷「革自己的命」,在逆風來臨之前就做好準備,腳步走得比時代還快,才能不被時代所淘汰。

水平整合把對手變夥伴,越聯越大

企業的合作很難,更不用說是競爭對手。

是什麼樣的契機讓過去在戰場上廝殺的對手決定攜手合作?2005年,時任世平興業董事長的黃偉祥發現,雖然公司營業額持續增加,但股價卻不斷下探,面對這個產業的共同問題,他決定找當時競爭激烈的對手品佳一起合作成立控股公司,期望透過資源整合創新突圍。

成立控股後,子集團仍各自經營前端業務,後端則開始進行整合。要各子集團能一起朝共同的目標邁進,首先要有足夠的夥伴基礎,而共享資訊與資源就是強化關係的一大步。

2013年,在葉福海接任執行長後,開始整合各集團的ERP系統,「先標準化再優化」,接著建立共同的規章制度,讓「書同文、車同軌」,同時將原來七個子集團整合為四個,然後把非大中華地區業務交由新設的海外事業群進行統合。

然而,單單只是「制度大一統」,並不表示就能「越聯

越大」，「信任」才是最終的成敗關鍵。「四個子集團文化不同，你就去思考什麼可以統一、什麼不能統一，」葉福海說，控股必須尊重各子集團原有的管理文化，當各個子集團在市場打仗時，戰線的大後方就由控股來提供補給。

透過整合資源，由後端的控股提供前端衝鋒陷陣的武器，持續優化營運效能，為各子集團建立信心，讓整個大聯大從原先關係略為疏離的邦聯轉為更加緊密的聯邦。

在好日子推動變革，不斷溝通跨越阻力

2015年，大聯大成為全球最大的半導體零組件通路商。「第一大不代表未來，而是過去，」葉福海點出大部分的人只會看到今天的結果，這是很明顯的問題：「摘果實、修剪樹枝是很容易的，樹枝修一修，果實就會更茂盛一點，但專業經理人常常認為那是他的成果，忘了那棵樹是前人種給他的。」

在世界第一的冠冕下，葉福海卻開始思考，「如果延續過去的做法，十年後我們還會是世界第一大嗎？」為了決勝未來，他決定在好日子談變革──這是一場對於領導人而言最難打的仗。

「數位轉型一定要在企業景況最好的時候，因為景況好才有資源，」葉福海說，「如果企業賠錢，董事會怎麼會同意拿10%的營收來支持這件事？」不過，即使董事們同意投入資

源，但在實際推動改革時，員工往往會成為最大的阻力。

　　轉型的第一步，就是推動內部工作流程數位化，導入數位工具賦能員工，簡化原先繁雜的業務流程、減少重工，只要是電腦能做的事情，就不再透過人工。同時，也要求同仁將電腦中的資料全部放上雲端集中管理，讓大家隨時隨地都能透過不同的裝置在雲端共同協作，提高整體的作業效率，進而強化生產力。

　　「當領導人決定打這場仗，接下來就是怎麼帶團隊一起打仗，」葉福海微笑地說，員工之所以會排斥，時常出自於擔心飯碗不保，「建立信任感很重要，必須要溝通、溝通再溝通，不厭其煩一直講，」為了說服員工一起轉型，葉福海從2014年就站上第一線與內部團隊溝通，透過不斷地說明，逐漸建立轉型共識。

　　「我們當時還拍了一部『助理的一天』給所有員工看，告訴大家數位轉型的目的就是希望每一位員工都準時下班，而且不帶工作回家，」葉福海解釋，導入數位工具以前，業務助理在下班接完小孩之後，回家往往還得繼續工作直到十點。

　　在五千人的集團推動轉型實屬不易，除了溝通，還需要全力支持種子部隊，幫助他們持續創造「小勝」，讓他們成為轉型的領頭羊，當成效慢慢出現，大家就會逐漸相信數位轉型是可行的。

推動轉型，除了讓個別員工有感，如何在跨集團的溝通上形成共識，也是很大的挑戰。

為了讓各子集團都能掌握共同的目標，葉福海公告了十六個字的經營願景：「專注客戶、科技賦能、協同生態、共創時代」。他解釋，「『專注客戶與科技賦能』談的是大聯大過去累積的成功經驗；而『協同生態與共創時代』則是將視角從經營企業提高到經營產業鏈的位置，希望能讓整個產業生態系更加完備。」

建立數位平台，從通路商升級為方案供應者

葉福海以《孫子兵法》的「取勢、明道與優術」來詮釋這場數位變革。

「勢」就是趨勢，包含新科技誕生與總體經濟發展的大環境動態，當人口結構改變，勞動力減少，透過數位工具減少人力負擔便至關重要，「業務數位化」這個「道」也勢在必行。為此，大聯大除了推動內部作業流程數位化，也積極建構平台化管理，這就是「優術」，畢竟有平台才有數據。

「我們在2020年就有20%的客戶開始使用我們的數位平台服務，」葉福海口中的「數位平台」，就是包含了電子商務、方案設計與資訊服務等內容的「大大網」系列平台。

大聯大將2018年定為數位轉型元年，接著相繼推出「大

大邦」與「大大家」等平台，將需求不同的客戶分流，針對交易量大或需求多樣的客戶提供專門的系統化服務，提升作業效能，努力達成「業務數位化」。

2020年，提供知識共享服務的「大大通」發展成形，平台內容涵蓋大聯大代理的產品線與上百個應用方案。透過大大通，大聯大讓集團內負責原廠產品應用與客戶服務的技術支援工程師將產品的應用知識傳遞給客戶，不只要賣零件給客戶，還要幫助客戶開發物聯網與車聯網相關的新產品，為客戶與同業打破知識壁壘，讓自己成為方案的提供者。

大聯大透過數位平台等電商與資訊服務的整合，不僅讓客戶購買產品更便利，也提升了業務的工作效率。而平台蒐集的大數據，也將成為持續優化服務與市場分析的依據，提升半導體零件行銷通路商的專業價值，達成「數據業務化」的目標。

將本業做到極致，打造LaaS倉儲訂閱制

建立數位平台時，仍需回歸自己的核心本業——倉儲。

數位科技的發展固然為企業經營提供了許多新武器，但同時也帶來諸多挑戰，例如在網際網路高速發展下，新的社會關係與內容生產過程帶動了「去中心化」趨勢，而這同時也是通路商勢必得面對的最大挑戰。

「未來會變成一人服務多家公司，一家公司服務多家企

業，」因為看見勞動力短缺的未來，葉福海開始思考「倉儲訂閱」的可能，正因大聯大的核心業務是倉儲，在訂閱的趨勢下，讓倉儲100%自動化就是下一個「優術」的目標。

倉儲是半導體產業的剛性需求，但是原廠的零件從出貨到最終端生產線的過程中，往往需要經歷多次發貨、送貨與點貨，非常耗費時間與人力。但就算進出貨的流程繁瑣，也不會有人特意花時間去改善，因為倉儲並非原廠與下游廠商的核心業務，而這正是通路商的價值所在。

看見了客戶的痛點，葉福海提出了LaaS「三倉合一」的智慧倉儲管理系統。當製造商的倉、同業的倉與大聯大自己的倉都放在一起時，就能讓原來在最上游的貨物直接送到生產線，減少同一批貨在各倉庫間流轉的成本消耗，簡化環節、提升效率，並加快供應鏈的反應速度。

面對通路商去中心化的挑戰，大聯大發展出「倉儲代工」的服務，順應時代趨勢，開展全新商業模式。推動轉型不是為了提升效率，而是為了發展新商業模式，「轉型要從全局來看，確立了未來的目標之後，再從今天可以做的事情著手，」葉福海說。

像是便利商店常說的「全家就是你家」，大聯大致力打造「倉儲代工」，要讓「我的倉庫成為大家的倉庫」，成為全世界的發貨中心。

轉型要從領導人做起，建立目標再出發

企業轉型是漫長的過程，而在背後的推動者，勢必得是企業的最高領導者。葉福海認為，無論是董事長或執行長，都要釐清自己的角色並調整好心態。

「現在的企業領導人有兩種，一種是創業家；另一種是專業經理人，我自己是屬於後者，」葉福海解釋，創業家是一步一腳印地慢慢走向成功，在創業之初一般很難想像十年之後的環境變化。現在，台灣的產業成熟是這群人的功勞，「但他們也是享受台灣產業發展成果最多的人，因為享受過，所以怕失去，就非常保守地小心經營，」他分析。

而專業經理人因為有「任期」的問題，通常第一任做事是要繼續下一任，第二任是要想辦法順利退出。這樣的制度並不鼓勵他們去規劃十年後的事情，「但是我認為，執行長的績效不是看他卸下職務的那一天，而是看他卸下職務的十年之後，」葉福海強調，企業領導人不能只著眼今天。

身為一名成熟企業的專業經理人，葉福海對於企業創新也有自己的一番見解。他一針見血地指出，談企業創新，不應該是鼓勵年輕人去創業，而是要鼓勵真正掌握權力的企業領導人，從內部開始做「十年之後」的事情，是去思考「現在要種什麼，才能讓十年後的果實更茂盛？」

總之，勇於投資「後天」才是創新轉型的開始。

不過，在看後天的同時，也不能忽視今天的執行力，現已轉任大聯大副董事長的葉福海認為，企業領導者要有格局，也要有細節。大聯大的領導方針有三個R，「Reset是不要被成功因素所蒙蔽，歸零思考；Reimagine是格局，格局是高瞻遠矚看後天；Relearn是細節，細節就是執行力。企業領導人要有格局，也要有執行力，才能迎向未來、專注當下。」

前瞻未來十年，未雨綢繆開展新商業模式

即使已經穩坐產業龍頭，大聯大仍持續超前部署，以十年後的營運目標作為此刻經營的指導原則，如同選在企業高速成長的2013年就開始擘劃數位轉型大計，提前為企業未來可能遭逢的挑戰做好準備。

除了創新供應鏈管理模式LaaS，大聯大也正在發展商業流程代工服務BPaaS（Business Process as a Service）。對於大聯大而言，他們所經營的不只是一間企業，而是整個產業；他們的角色已不只是半導體零組件通路商，而是提供科技業供應鏈解決方案的服務型企業。

「過去四十年，我們是一個零組件通路商，」葉福海笑稱，未來大聯大控股要服務的將不只是集團旗下的事業群，還要提供「四流服務」——商業流、資訊流、物流和金流，「這四流都可以依照客戶需求來組合，如果哪一天客戶要自己做商

業流，只想和我們做物流，那我們也可以變成一流公司。」

　　從組織建立到內部資源整合，大聯大體現了一套創新的營運模式。掌握「以終為始」的思維，全盤考量整體規劃，從供應鏈的角度來解決倉儲問題，改善產業環境。藉由「越併越大」，集團資源不僅能創造最大綜效，也更有本錢推動轉型，發展更多新的嘗試。（文／李妍潔）

創生觀點 ························· 總主筆／黃日燦

1. 2005年以前，台灣的半導體零組件通路產業是一個群雄爭鋒的殺戮戰場，高營收、低毛利的惡性競爭，讓每個通路商叫苦連天。火上添油的是，國外又有艾睿（Arrow）、安富利（Avnet）兩大龍頭美商虎視眈眈，海峽對岸的中國本土通路商也亟思尋隙竄起。若無法脫胎換骨，台灣各通路商前途堪慮。

2. 大聯大控股應運而生，由台灣龍頭通路商世平興業發動，成功說服品佳、友尚、詮鼎等競爭對手，大家透過換股共同組成，每個人的股票都換成大聯大股票，從此好壞都在一起，很難再分你我。大聯大初期強調「前端要分才會拚，後端要合才會贏」，繼而循序漸進，先整合全集團ERP資訊系統，再建立「書同文、車同軌」的規章制度，最後更全力衝刺數位轉型和智慧倉儲兩大艱鉅挑戰。在短短十餘年間，大幅改善了整個集團的營運體質和企業文化，營業額和獲利都上翻了好幾倍，在2015年時超越艾睿、安富利而躍為全球半導體零組件通路龍頭。一個開風氣之先的「產業控股模式」徹底改變了台灣半導體零組件通路產業的命運和生態，值得其他產業借鏡參考。

3. 在體驗到數位轉型和智慧倉儲帶給集團的莫大價值後，大聯大從2018年起陸續推出各種數位平台，從「業務數位

化」走向「數據業務化」，建構了包含電子商務、方案設計和資訊服務的「大大網」系列數位平台，並從「倉儲訂閱」的概念發展出「三倉合一」的智慧倉儲管理系統，要讓「大聯大的倉庫成為大家的倉庫」。數位與倉儲雙管齊下，大聯大就從「半導體零組件通路商」轉型升級邁向「提供科技業供應鏈解決方案的服務商」。

4. 從「互利共贏打群架」的起心動念開始，掌握「以終為始」的務實思維，一步一腳印向前推進，大聯大不僅「越聯越大」，而且「越聯越強」、「越聯越廣」。行者不難，還在坐而言的人寧可不起而效之嗎？

第 5 部

改變商業模式

要與不確定的未來共生,企業必須善用內外部創新方式,畫出
下一條成長曲線,翻轉既有的商業模式

第 **17** 章

大亞電線電纜——跨域開展新創投資

擘劃能源與新興產業的雙E轉型 驅動第三成長曲線

最近，在寸土寸金的台北市信義計畫區，斗大電纜圖案與「連結每個日常，穩定的力量」的LED廣告看板矗立在百貨公司大樓外牆，這是六十六歲的大亞電線電纜（下稱大亞）第一次嘗試主打品牌形象。

從崇山峻嶺到各個聚落的每個家戶裡，都會使用到大亞的產品。矗立在郊區的紅白色高壓電塔，貫穿了台灣南北兩端與中央山脈，大亞的電纜將電力從發電廠輸送到每一個家戶；安靜且環保的電動機車，穿梭在市區馬路上，高速運轉的電動機車馬達裡面的漆包線也來自大亞。

大亞是一家位在台南的傳統產業公司，不太傳統的傳產。

在二代董事長沈尚弘返國接班之後，花了三十三年時間，帶領大亞從本業的電線電纜，延伸布局到太陽能綠電與新創事業，2021年更要挑戰營收200億元、獲利10億元的新高，要在電線電纜產業裡繳出一張亮麗的成績單。

在台灣經營超過一甲子的上市企業不多，能不斷長出新事業又穩健成長的企業更是少之又少。為何大亞能夠跨入綠電產業，並且積極投資新創事業？「轉型就是延伸你的本業，重新定義你的business，」這是沈尚弘帶領大亞轉型的祕訣。

喜愛閱讀歷史巨作的沈尚弘，本身就是一位勇於挑戰陌生領域的人，已耳順之年的他，更在2021年夏天考上了PADI潛水執照。他帶領大亞這家老企業，不斷地探索新事業，逐步打

造轉型三部曲：本業水平與垂直整合、跨入綠電建立固定收益平台與新創投資，逐步建立起第二、第三成長曲線。

位在台南關廟郊區的大亞電線電纜總部，潔白的廠房屋頂在最近幾年轟立起巨大的深色太陽能發電板，這是大亞的轉型祕密武器「儲能微電網系統」，工程師自建系統，鑽研太陽能發電、儲能與電網整合技術，準備將這技術幫助其他企業，在廠房屋頂蓋微電網。對於製造業起家的大亞是一個很大的經營模式突破，從做產品延伸到系統建置與服務。

大亞電線電纜小檔案

經營團隊：董事長沈尚弘、總經理沈尚宜
成立時間：1962年
資 本 額：59.5億元
營收比重：交連聚乙烯電力電纜（42.74％）、漆包線（23.5％）、塑膠電線電纜（15.97％）、裸銅線（10.8％）、通信及光纖電纜（3.88％）、橡膠電線電纜（0.09％）、營建及其他（3.02％）

近五年營收與EPS

合併營收（億元）：2016 142.7、2017 167.4、2018 185.8、2019 181.5、2020 183
EPS（元）：2016 0.05、2017 0.82、2018 0.82、2019 0.85、2020 1.43

從本業延伸，重新想像企業定位

企業轉型的起手式，大都是從熟悉的本業進行水平或垂直整合延伸，大亞集團也是，「其實不一定只有做新東西才算轉型，只要有改變就是轉型，先思考你所在的產業，還有什麼可以做的，」沈尚弘強調。

早期，大亞集團自電線本業做起，從傳統的電器電源線、電熨斗紗包線、有著厚絕緣體的高壓橡膠電線電纜，一路做到高耐熱的漆包線。接著，從漆包線的銅冶煉技術出發，延伸發展出三層絕緣線、漆包鋁線和銅塊，逐步打進半導體和印刷電路板（PCB）產業鏈。

大亞集團於2007年成立大亞聯合工程，布局下游的建築施工領域，將觸角延伸到光纖電纜領域，以因應光纖高速傳輸與固網普及的技術發展。

電線電纜產業，主要跟隨國家經濟發展與基礎建設的步調而走。當台灣邁入已開發國家之列，早已告別十大建設的階段，目前的大型公共建設投資趨緩；雖然中國與東南亞市場快速崛起，但是電線電纜是一個高度成熟產業，各國政府都會優先採購本土企業的產品，因此台商逐水草而居的經營模式遭遇極大挑戰。

大亞集團在2011年面臨到沉重的轉型壓力，究竟該往哪裡轉？怎麼轉？如何能善用本業優勢，開闢新疆域？帶著這些轉

型的問題，沈尚弘花了一年時間帶領大亞集團的高階主管們密集進行動腦會議，激烈討論轉型策略。

透過不斷地探索新領域，沈尚弘終於在2015年淬鍊出大亞集團的新定位「能源串接的領導品牌」，並且擘劃出雙軸成長策略──除了電線電纜本業的穩定成長與轉型，還要加上用本業獲利挹注新事業的發展。他透過一次次的會議宣講，讓所有人都能對齊轉型方向。

「企業轉型就是一種『轉念』的練習，用另一個角度定義本業，就有可能為事業找出新的空間，」沈尚弘總結了這幾年的轉型策略討論經驗，並舉化妝品為例──化妝品可以是「工具」，也可以被定義為「對美的夢」，兩種都沒有錯，但其後能展開的發展空間卻大相徑庭。

重新定義本業就能開啟不同的視界。過去幾十年，大亞集團對本業的定義是「電力」與「通訊」兩大主軸，電線電纜就是只用在「傳輸」電力與通訊訊號。

但是，「能源串接者」的新定位是從「能源產業價值鏈」出發，強調「串接者」的角色與價值主張，這就打開了全新的視野，只要跟能源串接有關係的都屬於經營範疇。

至此，大亞的「能源一條龍」將上游的發電、中游的能源傳輸與下游的能源儲存全部都整合起來，透過垂直整合固化本業實力，並且將本業的收益拿去投資和能源沒有直接關聯的新

事業。

為驅動轉型動能，沈尚弘提出E&E（Energy & Emerging）轉型策略。大亞大步伐邁入「能源」事業，起家的電線電纜本業要創生發展，加快延伸到電動車等新領域，再善用本業與太陽能所賺來的資金，投入到快速崛起的新興產業（Emerging），打通奔向未來的道路。

啟動雙軸轉型，本業建立穩定收益流

定位清楚了，接下來就是拆解價值鏈，重新規劃大亞的新事業藍圖。大亞集團進一步把能源一條龍的「能源」聚焦在綠電，再將綠電新事業拆解為產生（發電）、傳輸、儲存、轉換、管理五大領域。

最近幾年能源產業火紅，不過其實大亞早在1992年就已投資台汽電，進入汽電共生的能源產業。但轉型常是在想像階段最為美好，執行之後才發現有太多不瞭解的深水區。

一開始決定投入綠能發展時，沈尚弘積極評估離岸風電的可行性，不僅參與投標離岸風電早期示範機組，也曾投入研發海底電纜，認為離岸風電大有可為。

這條路出乎意外地走得跌跌撞撞。沈尚弘發現，雖然離岸風電在國外有不錯的前例，但是台灣充滿地震與海潮的環境特性，卻給海纜架設帶來極為嚴峻的挑戰。為了順應自然環境，

必須投入技術研發，光是建設廠房至少就需要幾百億的資金。就算成功設廠，台灣的規模也難以和國際大廠匹敵。

慎重考量後，沈尚弘毅然決定放棄離岸風電，全力轉往相對成熟的太陽能領域發展，採取合資與併購等靈活策略，加速太陽能新事業發展。「你就算跌倒了，站起來也要抓住一把沙子，」他總結這段經驗。

首先，大亞於2014年與太陽能工程統包廠聚恆科技用交叉持股方式，成立大亞綠能，正式跨入太陽能產業。

沈尚弘注意到，太陽能在電力配送方面的發展趨勢，將從「集中」轉為「分散」，以在地再生能源的方式供應，於是他找來合作夥伴，透過併購陸續取得至少五十處案場，並於2020年開始建置地面型太陽能電廠，這個在台南學甲展開的工程，是全國第一個整合民間私人土地的案例。

2021年大亞更併購了大同集團旗下的志光能源，將斥資60億元在台南七股興建台灣最大的漁電共生太陽能電廠。

此外，由於漆包線被大量應用於馬達上，而大亞又正好就是台灣最會賺錢且市占率最高的漆包線公司，這也讓大亞有切入能量轉換市場的戰略優勢，聚焦在電能轉換成為動能的能源轉換範疇，簡單地說就是電動車馬達系統。於是，沈尚弘相繼投資富田電機，與車王電合資成立馬達廠商協創系統，布局快速成長的電動車產業。

同時間，大亞也在台南關廟廠區獨立建置六百度電兩百瓩（kW）的「大亞儲能微電網」系統，整合儲能、電力設備、環境控制和電網資訊為一體，研發全方位電力調控服務。未來，也將積極開發中大型企業廠房屋頂與地面型電廠，目標2022年將可達240MW規模。

以風險屬性分配轉型資源

布局七年，太陽能事業部門今年可為大亞集團穩定挹注2億元獲利。大亞的太陽能事業，除了是新事業之外，更扮演了固定收益平台的關鍵角色，在完成前期投資後，一旦掛表併聯發電，就可以貢獻穩定的營收與獲利，而這些收益就成為大亞做新創投資的最重要資金。

沈尚弘以「風險屬性」決定資源配置——如果是收益穩定的事業，可提高舉債比例以擴大投資，例如太陽能；如果是高風險的事業，就不能輕易舉債，例如離岸風電。

在股東收益的配發方面，沈尚弘也自有一套做法。他認為股利不一定要用現金發放，可透過股價回饋股東，而留下的現金就能成為轉型資本。

大亞集團善用電線電纜本業與太陽能賺來的錢，再度投入到新創投資，打造下一個十年的成長引擎。

善用企業創投，擘劃第三成長曲線

台灣產業創生平台的「2021年企業新創投資大調查」顯示，85.6%的五千大企業在未來三年不打算做外部新創投資，僅有4.9%有做新創投資並且有明確的投資策略；而六十六歲的大亞正是這些少數策略觀念領先的公司之一，透過新創投資，窺見了後天的發展藍圖。

在美國念書與工作的沈尚弘，見識過國際企業透過新創投資培養新事業的模式，返國後也把新創投資觀念帶進了大亞的經營團隊。最早的時候，沈尚弘以個人名義投資創投，藉此找尋新商機。但在二十多年前，電線電纜本業成長動能遲滯，企業經營開始遭遇到大環境的逆風，大亞集團正式把原本個人名義投資創投的形式，1998年升級成立大亞創投，正式邁入了CVC階段。

大亞創投成立初期時，採取委託專業「普通合夥人」（General Partner, GP）來管理這家CVC公司。但後來沈尚弘發現，外部創投關注的多半是「財務報酬最大化」，不一定與公司的戰略目標相符，因此，他在2012年將大亞創投收回。

在集團自行管理下的大亞創投，除了董事長與總經理來自母公司，其他的成員都是從外部延攬，再加上五位協助案源評估與投後管理的合夥人。為了建立起創投團隊的激勵機制，大亞創投的人事與薪酬皆是獨立的，並有專人在美國研究矽谷的

新創公司。

　　企業投入新創投資，都會面臨到短期財務性投資綜效與中長期策略性投資的兩難抉擇。沈尚弘也面對相同問題，「大亞創投的投資方向兼顧財務性與策略性投資，並要求至少有一席董事會，以對被投資公司維持一定掌握度，」這種有點黏又不會太黏的關係，可保持被投資公司的經營自主性，而大亞也能參與討論被投資公司的重大決策。

　　迄今，大亞創投的投資新創事業超過20億元，前後投資三十二家企業，投資產業橫跨電子資訊、能源、文創、生醫與數位內容，沈尚弘特別看好擁有全球市場的領域，例如生醫與數位醫療，因此也投資保瑞藥業等具有前瞻思維的新銳企業。CVC是在高成長產業中買一個潛在的獲利機會，等於是用外部槓桿，幫企業更快長出自己少掉那塊的能力，」沈尚弘強調。

　　大亞運用新創投資，啟動集團的未來成長動能。「企業在轉型時都會面臨風險，但是在資源豐沛的時候開始找你的第二、第三曲線，一定會比被逼到無路可退才開始來得更好，」而這也是為什麼沈尚弘會選擇在經營困境還沒來臨前，就先超前部署未來產業。（文／江逸之）

創生觀點……………………………………**總主筆／黃日燦**

1. 六十六年前，大亞從家用電器電源線出發，擴大到工業用電線電纜和光纖電纜，再延伸到漆包鋁線和銅粉銅塊等新產品，逐漸提升產品含金量，近年並開始打進半導體和印刷電路板產業鏈。但電線電纜終究是高度成熟產線，主要是跟著國家基礎建設步調行走，海外市場又多受到各國本土採購優先政策的限制。因此，大亞多年來雖戮力透過水平與垂直整合延伸本業利基，成長力道還是有限。

2. 所謂「窮則變，變則通」，在沉重轉型壓力逼迫下，大亞沈尚弘董事長帶頭進行密集的內部腦力激盪，從過去以「傳輸電力與通訊訊號」為本業定義的狹隘舊觀念，淬鍊出「能源串接的領導品牌」新定位。「轉型」就是「轉念」，有了「能源串接者」的嶄新思維，大亞的策略視野豁然開朗，只要跟能源串接有關的業務，都屬於大亞本業的可能經營範圍。因此，從上游的發電、中游的能源傳輸和轉換，到下游的儲能與管理，都納入了大亞「能源一條龍」的射程。這幾年，大亞在太陽能發電與轉換領域的突飛猛進，就是定位「轉念」後大步向前衝刺的成果。

3. 大亞的太陽能新事業，固然延伸了本業的馳騁空間，也帶給集團相當穩健的固定收益，但似乎不足以構成集團未來的成長動能。因此，大亞揭櫫出「雙軸成長策略」，除了

「能源串接」本業穩定成長並轉型升級外，還要運用本業獲利挹注新事業的發展，透過CVC擘劃更新的成長曲線。近幾年來，CVC在國外快速發展，但在台灣仍屬萌芽階段。大亞雖然是六十六歲的老傳產，卻能一馬當先，積極推動CVC，部署未來成長產業，實是難能可貴。

4. 大亞最近二十幾年來，為了突破營運困境，再尋成長曲線，不斷嘗試錯誤，多方衝刺努力，終於漸入佳境，誠所謂「皇天不負苦心人」也。大亞去年初開始推出「穩定的力量」暖心系列形象廣告，訴說大亞集團傳輸穩定力量支撐這塊土地上每個人生活的故事，廣受各界好評，也代表了大亞集團重新定位後的高度自我期許。

第 18 章

永豐餘投資控股——左手投資、右手管控

投控 CVC+
孵化育成子公司的循環擴張

　　「衛生紙、銅版紙、工業紙箱」，這是過去的永豐餘；「電子紙、金控、生技」，這是現在的永豐餘；未來的永豐餘，則有無數的可能性開放填空。

　　走進永豐餘投控總經理蔡維力的辦公室，映入眼簾的有兩個視覺焦點，左邊是永豐餘大家長何壽川為集團造紙本業擘劃的ESG循環圖，右側則是盤根錯節的組織架構圖。這是蔡維力每天的工作日常，他聚焦在「投」與「控」兩大核心方向，分別以「精準投資」與「管理賦能」為主軸，執行集團獨創的

永豐餘投資控股小檔案

經營團隊：董事長劉慧謹、總經理蔡維力
成立時間：1950年
資　本　額：166億元
營收比重：紙類製造與銷售（84%）、其他（16%）

近五年營收與EPS

合併營收（億元）　EPS（元）

CVC＋策略，肩負起這家九十七歲傳統造紙廠的轉型大計。

　　三年後，永豐餘即將歡慶成立百年，這間走過近一個世紀的集團，事業版圖現已橫跨傳統紙業、金融投資、電子科技、循環經濟、生物科技和特用化學等不同產業別，下轄上百家子公司。從財報表現來看，2021年上半相當亮眼，合併營收達438.64億元，年增達30.79%，創下歷年同期新高，毛利率25.21%、營益率13.46%、歸屬母公司稅後淨利32.54億元、年增達71.11%，每股盈餘1.96元，也紛創同期新高。

　　放眼台灣老牌企業中，永豐餘是極少數可以不斷轉身，且本業與跨業經營都相當成功的案例。究竟是什麼樣的企業文化與執行策略，可以造就出這家「人瑞」企業華麗轉型？

跳脫傳統造紙業，打造高效率投控戰隊

　　「外界覺得永豐餘是造紙業，其實我們早已是投控」，蔡維力再三強調，永豐餘投控至今仍被列為造紙類股，但已有近半數資產配置在非造紙的轉投資公司，早已跳脫過往製造業的格局。

　　永豐餘最早在1924年是從農產品貿易起家，1950年代開始投入造紙行業，1970年代展開多角化經營，歷經半個世紀陸續轉投資各種產業，布局與觸角越來越廣，為了因應轉型需求，2012年永豐餘決定轉型為投資控股公司，將旗下造紙事業分為

中華紙漿、永豐餘工業用紙（永豐餘工紙）、永豐餘消費品實業（永豐實）等三個子公司，再加上其他四種產業類別。

蔡維力強調，現在永豐餘合併報表已經擁有一百家子公司，非合併報表也有六十至七十家公司，相當於下轄好幾十個事業部，不適合再用製造業的觀念去管理，勢必要發展成投控型態，將本業與轉投資視為一個龐大的投資組合。

任務目標很清楚，但實際操作起來卻是千頭萬緒。集團家大業大，光是投資架構錯綜複雜，母公司轉投資子公司、孫公司、曾孫公司，投資關係最長達六層，財務報表更是複雜難懂，也不易看出投控的價值。

蔡維力上任之後，從專業財務背景出手，重新梳理層層疊疊的控股架構。以永豐餘工紙為例，為了因應上市規劃，2020年從原本第五層拉升到投控下面的第一層子公司，光是這個轉投資架構的調整，就經過十多次的程序，其中的錯綜複雜可見一斑。

除了簡化控股架構，他也重新整理內部管理報表的格式，以個體報表而非合併報表的方式呈現，董事們僅需瞭解子公司的發展方向，不用涉及細項的營運層面，如此就能更快速評估子公司的投資報酬率。

因為執簡馭繁的策略奏效，蔡維力負責掌理的永豐餘投控，員工僅有三十多人，但旗下涵蓋的公司員工達到一萬多

人，充分展現高效率的團隊管理效益。

走過半世紀多角化經營，掌握多道成長曲線

蔡維力認為，集團能建立現有的跨產業王國，與大家長何壽川的人格特質息息相關，他是一位硬底子工程師，又有學者的研究精神與文人風範，因此能以嚴謹紮實的態度，帶領集團掌握趨勢、與時俱進；而且把創新轉型的DNA傳了下來，讓這家老企業一直走在時代前端，現在連最新的區塊鏈供應鏈金融平台都在做。

毫無疑問，何壽川是帶領永豐餘在這半世紀以來成功轉型的靈魂人物。他在父親何傳打下的事業基礎上，以「二代創業」的模式接手，並於1980年代啟動「鴻圖百億」的大規模擴廠計畫，並透過轉投資進行多角化經營。

永豐餘很早就投入金融產業，成為北商銀（後與建華金合併成為永豐金）的大股東。1992年更成立台灣第一家面板廠——元太科技，首度跨足電子科技領域，後續轉投資日益積極，不只是紙業相關，包括生技、綠電、電子商務、特殊材料都能見到其布局。

從1924年至今，永豐餘一直在求新求變，與其說是眼光精準，還不如說是成功把價值創造出來。「我們一直認真研究產業脈動，一方面從本業延伸既有產業領域，一方面尋找與時

俱進的高成長行業」，蔡維力自豪地說：「我們不只有第二曲線，其實有很多道曲線」。

孵化育成有一套，小金雞群儼然成型

相較於大聯大、欣陸、日月光等投控公司，多屬水平整合的模式，由主要業務相近的多家公司換股合組上層控股公司，但永豐餘的模式則很不一樣，由一家跨業經營的公司透過多次分割成立子公司後，成為投資控股公司；也因為採取這種模式，永豐餘能夠不斷透過釋股與公司上市櫃，並從資本市場回收資金，再選擇有發展潛力的子公司進行孵化。

「我們內部稱其為CVC＋策略，」蔡維力解釋說，投控不斷孵化與育成子公司，母公司有新創投資部門專業評估，並協助行政、法務等後勤支援及其他配套，讓子公司專注於技術開發與銷售；一旦子公司成長到一定規模，進行上市櫃後，就要獨立治理，永豐餘投控回收資金，進行下一輪投資，如此持續循環下去。

細數永豐餘投控近幾年的轉投資成績，除了太景生物科技於2014年上櫃、益安生醫於2016年上櫃、申豐於2017年上市外，永豐實計劃於2021年下半年上市，永豐餘工紙也預計在年底前完成公開發行、登錄興櫃，永道射頻技術也已申請上海A股上市，子公司陸續釋股掛牌，陸續成為貢獻母公司獲利的小

金雞群。

以永豐實為例，2020年第三季對外釋股約23%，投控回收資金逾20億元，股東權益增加逾12億元，不僅連本帶利賺回來，且持股仍在七成以上，未來仍可依比例認列權益法收入，並收取穩定成長現金股利；至於申豐在成為防疫概念股後，市值不斷大漲，已突破200億元，目前永豐餘持股仍達48.8%，同樣是母以子貴的成功案例。

放眼未來，蔡維力相當看好元太、永道的發展前景，另外像是由IT部門分出來的元信達，或者新屋廠的沼氣發電解決方案，他也認為有獨當一面的本事。「很多工作任務一開始都是為集團內部所需所用，但只要有足夠競爭力，且外部有這些需求，未來就能長出自己的一片天！」他深具信心地說。

堅持硬底子技術，換取不敗競爭力

小金雞相繼熬出頭，讓人對永豐餘的孵化育成能力感到好奇。「我們有硬底子技術掛帥的DNA，因此資本市場會給我們回饋！」蔡維力這樣說。

事實上，從早期投入紙業開始，永豐餘就因為重視技術紮根，從上游原料就深入研究，因此能享受超額利潤，後來關稅降到零之後，還是在市場上屹立不搖；就連大陸紙廠靠著設備商的整廠輸出模式快速崛起，造紙行業從過去的生產技術的競

爭轉為採購與通路的競爭，讓台灣許多老紙廠都撐不下去，但永豐餘的紙業本身還在賺錢。

他舉了一個貼近生活的實際案例。最早抽取式面紙出現時，與平版衛生紙是兩個截然不同的市場，抽取式面紙因為加上乳霜後，觸感變得比較柔軟，因此定位成高價產品，衛生紙一般只在廁所使用；本身學機械工程的何壽川，找了台灣廠商開發出折疊與塗布（coating）的機器，讓抽取式衛生紙大行其道，不管是廁所、客廳、房間都在使用，大幅取代了抽取式面紙，也徹底改變了大家的消費習慣。

再以申豐為例，屬於紙業的延伸布局，原本是開發生產造紙所需的乳膠，但因為不斷投入技術研發，早已從紙張塗料成為乳膠特殊材料供應商，陸續推出MBR乳膠及SBR乳膠，後續也生產橡膠手套加工用的NBR乳膠，疫情期間變身為防疫概念股，包括產量與獲利都在持續提升中，目前也積極朝向電子業手套、綠色環保建材、車用鋰電池、特殊紙、紡織及複合材料等市場邁進。

這樣的DNA傳了下來，永豐餘集團各個事業群都秉持著「專精創新，循環永續」理念，追求硬底子的技術創新，也勇於向燒錢的資本遊戲說不。

掌握產業脈動，迅速做出商業判斷

「產業風向在變，經營方向也要與時俱進」，蔡維力強調，「很多產業發展的歷程並非人定勝天，而是要順著潮流，做出最合理、最好的商業判斷。」

以元太為例，當初因為看好面板是高成長行業而投入，一代一代投入新產能，甚至收購E Ink、韓國面板廠Hydis，但面板業就像無底洞的錢坑一樣，燒錢沒有止境，如果沒有歷經多次轉型，恐怕就跟其他面板廠一樣難逃被併購的命運，但是元太及早放棄了產能與次世代面板技術競爭的遊戲行列，聚焦在當時冷門的電子紙研發，把冷灶燒成熱灶。

如今元太成為全球電子紙的龍頭，市占率高達九成以上，跟即時掌握風向不斷轉型，以及併購先進技術與團隊有著密切關係。

永豐餘在電子產業的另一家轉投資公司——先豐通訊，在2020年併給印刷電路板龍頭臻鼎。儘管先豐的量產能力較弱，但其在高級板及車載板具有一定優勢，因此選擇併入臻鼎，這也是集團評估產業競爭態勢及公司長遠發展後做出的決定。

蔡維力強調，「做企業要借力使力，多交一些朋友，如果能夠符合大家的利益，必要時可以整合起來，一起壯大！」

鎖定五大發展方向，重視永續發展與循環經濟

永豐餘投控在今年五月進行董事會改選，廣納了能源管理、自動化、材料科學、金融、法學等多元背景的專業經理人，並勾勒出下一個十年的五大發展方向，包括循環經濟、物聯網科技、特殊材料科技、金融創投和生醫生技，一方面持續運用造紙業的永續生產模式，朝碳中和、零排放的目標努力，一方面持續支持各子公司加速轉型成長，實現長期投資利益。

在永豐餘厚植近一世紀的土地上，現在不只有幾顆大樹蔚為樹林，也有許多正在開花結果的小樹，同時還在孕育更多的種子與小樹苗。可以期待的是，只要不斷注入產業的活水，這棵百年大樹還會持續開枝散葉。（文／沈勤譽）

創生觀點···總主筆／黃日燦

1. 永豐餘近百年的演變，可說是台灣企業篳路藍縷發展過程的最佳寫照。在台灣農業時代的1924年，永豐餘以農產品貿易起家，到了台灣邁進工業時期的1950年代，也跟著潮流踏入了造紙產業。1970年台灣經濟開始多元成長，永豐餘又適時展開多角化投資，尤其是跨足當時新興的金融市場。當高科技產業在1990年代的台灣突飛猛進時，永豐餘也未缺席，毅然揮師電子及生物科技等領域。凡是有幾十年歷史的台灣企業，大致上都走過類似的與時推移之轉型成長道路。

2. 不過，有別於大多數台灣老企業集團仍然停留在大股東家族親力親為、直接經營的模式，永豐餘卻選擇在2012年搖身一變成為投資控股公司，大膽引進多元背景的專業經理人，運用制度系統，執簡馭繁，跳脫過往製造業的管理觀念，把本業與轉投資的百餘家公司視為一個龐大的投資組合。永豐餘經營思維的大轉變和管理組織的大調整，是台灣企業界少見的大創舉，是否能夠貫徹執行，值得大家關注期待。

3. 在企業發展策略上，永豐餘強調研究產業脈動，鎖定五大發展方向，重視永續經營和循環經濟，一方面持續鞏固本業並開發衍生領域，另一方面則持續搜尋具有前瞻性的新

高成長產業，冀求不斷創造多道成長曲線。在這方面，永豐餘極力推動CVC＋模式，透過精準投資與管理賦能，協助孵化育成小金雞，借力使力，一起壯大。永豐餘若能落實「老創加新創」打群架的模式，也算是為台灣成熟企業的轉型升級建立了一個精彩典範。百年大樹，老幹新枝，相得益彰，生生不息，夫復何求也！

第 19 章

貿聯集團——打造上駟者的競爭地位

跟著利基市場走
為連接器賦予新價值

「連接線」不是電子業的關鍵零組件，也很難讓人與高科技產生聯想，但它卻有著極高的產值，「連接線的全球產值幾乎和半導體產業一樣大，」董事長梁華哲說。連接器是貿聯集團起家的主要產品，靠著它，貿聯經營起跨越世界兩大洋的市場，主要商品銷售地點除了亞洲之外，在美洲與歐洲也擁有一席之地。

貿聯從成立的第一天就以全球視角擘劃經營藍圖，以成為世界前十大的電子元件製造商為發展目標，對標國際大廠，像是美國的電子元件製造商莫仕（Molex）和日本的連接器製造商廣瀨電機（Hirose）。

努力邁向全球大廠意味著什麼？對於梁華哲來說，成為客戶的「首選」（first partner）是關鍵，「當客戶有需求時會第一個找貿聯合作」為重要指標。為了達成這個目標，僅僅掌握總部位於加州矽谷的「地利之便」是不夠的，因為連接器在不同領域就是不同產品，跨域經營並不容易，與企業的經營策略高度相關。

不同領域的產品該如何跨越呢？因為清楚行業特性，貿聯一開始就將併購作為企業成長的手段，「我們跟一般產業不一樣，併購是一定要走的路，因為這產業的應用太多，不可能什麼都自己做，」梁華哲強調。而透過併購擴大產品應用領域，也是貿聯脫離電子及資訊產業紅海市場的途徑。

由連接器組裝廠出發，貿聯從電腦周邊與消費電子等應用跨到車用及醫療產業，近年更持續往工業與半導體等高階應用領域推進，開發新的傳輸規格。透過併購開拓利基市場、布局未來。一路走來，貿聯有哪些關鍵決策？這樣的經營方式有哪些優勢與弱點？未來又將可能面臨哪些挑戰呢？

全球總部設美國，跟著利基市場走

1997年貿聯於美國成立時規模雖小，但總部位於矽谷的優勢為貿聯打下了發展根基。

首先，矽谷的總部能吸收當地的名校畢業生，用一流人才來做連接線產業，發展出「上駟對下駟」的競爭條件，使國際品牌大廠如戴爾（Dell）、捷威（Gateway）和微軟直接找上門；其次，「直接面向終端客戶」也給了貿聯在客戶溝通上極大助益，以線束生產來說，每個不同的型號都是客製化商品，若能精確理解客戶需求、遇到問題能快速反應，對於客戶來說就是很好的支持。

「我們有求必應，」梁華哲分析，貿聯的美國總部能直接為歐美客戶提供即時服務，光是這一點就勝過許多亞洲的競爭對手，「這方面我們做得還不錯，不是因為規模大，而是因為我們的反應非常快，」他強調。

起初貿聯經營的是筆記型電腦周邊線束的組裝，因為跟上

了IT成長的浪潮，拓展版圖的速度很快，1997年在深圳設立第一個工廠，隔年又在廈門設廠。

「哪裡的客戶有需求，就往哪裡去」是梁華哲的經營原則。例如，因為戴爾、捷威和英特爾在馬來西亞和愛爾蘭都有工廠，貿聯就去當地駐點；後來又為了飛利浦（Philips）去墨西哥成立辦公室，就近服務客戶、提供支援。「那時候我們才成立一、兩年，傻傻地就過去了，」回想起來，梁華哲認為雖然當時做的決定都很大膽，但正因初生之犢不畏虎，使貿聯得

貿聯集團小檔案

經營團隊：董事長梁華哲、總經理鄧劍華
成立時間：200年
資　本　額：13.36億元
營收比重：電源線及數據連接線組（33.26%）、擴充基座及擴展延接裝置
　　　　　（29.65%）、線束（24.92%）、其他（12.17%）

近五年營收與EPS

以快速在全球插旗。

切入車用市場，成為外企在中國設廠的橋梁

梁華哲和郭殷如（貿聯共同創辦人）因緣際會投入連接線市場後，很快就發現連接線材的發展潛力，「我們的客戶都是產業的Tier 1，加上我們在歐美的競爭者都是百年企業，隨著新的應用一起成長，」梁華哲說：「我認為這個產業有很大的市場可以發揮，除了IT，還有汽車、醫療和工業。」

2000年，台灣筆電代工廠崛起，因為成本更低，許多電腦公司開始將零組件採購權授予亞洲代工廠、轉移組裝基地。而這也讓貿聯警覺到組織的內部分工與自己在產業中的角色都必須改變。當美國不再設廠製造，貿聯原本做的IT線材生意，也被亞洲的EMS搶走，轉型勢在必行，於是貿聯就在此時整合為控股集團。

在此同時，美國團隊也意識到不能只做電腦相關的產品，於是開始尋求新的發展機會，而「車用線束市場」就成了最佳的切入點。當時車用和醫療領域開始發展，而「中國製造」正是這些硬體設備供應鏈的關鍵環節，「我們在矽谷是美國公司，但主要成員都是華人，加上有經營深圳廠的經驗，所以那時候有好幾個汽車和醫療的公司都來找我們，」梁華哲說。

為了切入不同領域，貿聯經過了十幾年的努力，從開模、

設計到生產，一步步學習，為跨越技術門檻繳了不少學費。起初是利用替越野車連接器代工的機會，向日本汽車零件供應商矢崎總業（Yazaki）取經，邊做邊學；現在，日本和美國的矢崎總業都是貿聯的合作夥伴，透過一次次的合作，貿聯持續投入研發並不斷優化。

「產業的生態環境跟製造方法都不一樣，IT的線是一條，但車是一整束，而且組裝的時候要繞來繞去，」梁華哲指出，轉型的機會往往也是挑戰，當公司想要轉型卻缺乏能力時，中間一定會碰到許多問題，若領導者不能堅持到底，勢必無疾而終，「像是光通訊，我們在網路時代初期就切入這個產業，到現在二十幾年了還在學習。」

客戶的需求不能等，靠併購快速拓展新能力

不斷調整外部資源的導入與合作，正是貿聯的核心策略。

投資或併購外部企業對許多經營者而言可能是風險，但貿聯卻看見了許多成長的新機會，在矽谷的新創風潮中，打造出迥異於台灣傳統製造業的成長模式，畢竟領域越新，競爭者越少。「新創公司量不大，失敗率又高，但我們看到這些技術具有未來性。投資新創，能讓我們在下一波機會來的時候，有能力接得起來，」梁華哲說。

貿聯在太陽能和電動車領域起步得也很早，甚至有一個團

隊專門接洽新創公司，只要確認外部新創的領域和長期趨勢發展是吻合的，就會積極投入，「即使新創的營業額很小，但如果技術具有未來性，或許會成為下一個特斯拉，」梁華哲希望貿聯能夠搭起一個平台，接住所有可能的機會。

對於梁華哲而言，與其花費三到五年蓋工廠，併購可以快速拿到技術和市場，也等於是快速建立「在地生產」的能力。藉此，不僅能取得特定的連接器與抽線等相關技術，更使得貿聯在短時間內就從原本熟悉的IT市場打入車用、半導體和家電等新領域，並且將生產基地從亞洲延伸到美洲及歐洲。「客戶的需求不能等！」這是貿聯一貫的宗旨，也是在市場中勝出的主因。

併購經營成效佳，德國企業主動來敲門

貿聯在海外經營的成果，也吸引了外商自己找上門。

2017年，德國的Leoni找上了貿聯。Leoni是一間百年公司，在汽車業界非常有名，做的是BMW和賓士車的大線束。不過，找上貿聯的是Leoni原先從飛利浦買下的家用事業部，這個團隊希望自己可以從Leoni獨立出來，因為他們為母公司攤銷的費用太高，希望團隊能夠向外尋求更好的發展機會。

而最終讓貿聯決定買下這個團隊的原因，在於他們擁有博世（Bosch）和戴森（Dyson）等大客戶。當時，貿聯正好規劃

去摩洛哥設廠，併入Leoni正好一舉兩得，「而且這個團隊的成效比我們想像中好，」梁華哲說。

不過，組織的整合也充滿挑戰，談起和歐洲企業的共事經驗，梁華哲頗有心得。他指出德國人做事追求細緻，而貿聯是以華人兼美國系統為主的文化，比較講求速度，因此在協作的過程中也不乏文化衝突，「不過他們後來也看到了我們的優勢在哪裡，所以整合還是做得不錯，」他強調，只要清楚最終的目標，任何挑戰都能一一克服。

貿聯的跨文化協作經驗，除了Leoni還有美國的Spinneret，「能夠合作的重點是：他們信得過我們，彼此可以溝通，這是最重要的！」梁華哲指出，因為貿聯過去經營的成效與口碑都不錯，「只要對方跟我們見過面，都會滿喜歡我們的，」他笑著說。

從國外打回台灣上市，未來仍充滿挑戰

除了靠著併購開拓經營範疇、拓展跨域能力，貿聯也陸續設立子公司，持續推動上下游的垂直整合，例如從組裝代工到買下抽線廠自行抽線。為了完成集團整合，貿聯成立了主要生產電腦連接器的康聯廠，並接著併購了通盈電業，取得線材製造技術。

因為從創立之初就開始思考如何布局全球，貿聯的各個事

業單位很早就導入ERP系統，「很多人會覺得公司那麼小，為
何要做這些？」梁華哲解釋，「因為我們是全球企業，當公司
從三百多人快速擴大到上千人，管理階層就要開始面對全球管
理的挑戰，所以我們有必要導入數位化的管理系統。」

2011年貿聯上市後，開始加速數位轉型，串連前端銷售、
規劃各部門的數位化路線，並強化全球系統整合，「公司要成
長，一定要上市，貿聯在證交所上市是一個里程碑，可以讓我
們拿到更多資源，」梁華哲說。

目前，貿聯在十三個國家設有營運據點，還有十七個全球
生產基地，能分散產能集中的風險。在美中貿易戰之後，貿
聯將車用線材製造端移往馬來西亞和墨西哥，同步擴建兩地產
能。因為廠房擴及全球，讓貿聯在供應鏈重組的挑戰中也獲得
了相對有利的戰略位置。

回首過去，貿聯透過合資做了很多小規模的併購，取得
自己缺少的技術能力，獲得遍布全球的客戶，持續創造競爭優
勢，因為缺乏大的資金來源，主要是在穩定中求進步；然而面
向未來，貿聯如何在應用發展快速的行業中持續成長，將會是
極大挑戰。（文／李妍潔）

創生觀點 ························· 總主筆／黃日燦

1. 不起眼的連接線，全球市場產值卻幾乎和半導體產業一樣大。貿聯獨具慧眼緊抓住這個利基市場起家，由連接器組裝廠出發，從電腦周邊與消費電子擴大到車用和醫療產業應用領域，持續提高產品含金量，跳脫紅海，布局未來。貿聯挑對產業定位，深耕核心技術，運用「上駟對下駟」的人才優勢，在全球市場打下了大好江山。

2. 貿聯早年發跡於矽谷，所以有個位於矽谷的美國總部，拜近水樓台之利，貿聯能夠直接面向終端客戶，為國際品牌大廠提供即時產品服務，對貿聯在客戶溝通、產品研發和訂單取得上大有助益。有鑑於此，貿聯始終抱持「貼近客戶」的經營策略，哪裡的客戶有需求，貿聯就往哪裡去，使貿聯很早就在世界各地插旗設立據點，也吸引了各國客戶主動找上門來探討合作機會。

3. 「客戶的需求不能等」，這是貿聯另一個非常強調的經營心法。為了能夠及時因應客戶的需求，貿聯不斷調整外部資源的導入和合作，而併購就是貿聯快速跨入新領域、取得新技術、攻進新市場的策略手段。貿聯勇於投資新創，不怕失敗，無懼風險，外界很容易看到貿聯擴展跨域能力、開拓經營版圖的光彩，卻不容易看到貿聯日積月累蹲馬步練出的基本功。

4. 貿聯創業伊始就以全球視野擘劃經營藍圖，以成為世界前十大的電子元件製造商為發展目標。2011年上市後，貿聯加速數位轉型，強化全球系統整合，遍布全球十餘個國家的營運據點和生產基地，剛好契合「跨國在地經營」的意旨，讓貿聯在面對當下全球供應鏈重組的挑戰中，也取得了相對有利的戰略位置。

5. 前瞻未來，貿聯亟需持續超前部署，若能找到適當的「富哥哥」作為財務投資人挹注資金，入股但不入主，讓貿聯團隊仍然掌握經營主導權，應可加速更上一層樓的時程。

第 **20** 章

凱馨實業——從品牌到品種的經營奇「雞」

向日本與法國取經
不只賣雞還要經營 IP

　　大約十多年前，會到超市購買雞肉的人，應該對於「凱馨」這個雞肉品牌或多或少有些印象；近幾年有個新品牌「桂丁雞」進入各種零售通路，價格不算特別高，但色澤新鮮賣相極好。這兩個成功品牌，是鄧學凱返鄉接班後的心血結晶。

　　桂丁雞不僅是2016年總統就職國宴，也是RAW、MUME和Tairroir等星級餐廳指定食材。這是凱馨實業耗時七年、經過七代育種，打造出來的台灣土雞新品種，也標示著凱馨從「品牌」跨入全球雞隻「品種」的重要里程碑。

　　只要跟凱馨實業總經理鄧學凱討論到雞，很難想像他經營的是過去受限於在地規模的農牧業，反而更像是立足台灣、布局全球的高階經理人。從通路、品牌、供應鏈、國際化到育種輸出，甚至還有地緣政治的影響，無一不經過深思熟慮、縝密布局。

　　所以如果只用成功打造「台灣有色雞王」品牌來定位凱馨，那就錯了。的確，以連鎖超市龍頭全聯福利中心為例，2019年全聯土雞銷售冠軍是桂丁土雞切塊，賣出1.9億元；第二名則是雲林土雞切塊，銷售成績1.7億元，背後供應商都是

凱馨實業小檔案

經營團隊：董事長鄧進得、總經理鄧學凱
成立時間：1991年
資　本　額：3億元
主要產品：雞肉生鮮品、加工品

凱馨。

年宰近六百萬隻土雞，在量販和超市通路的市占率高達七成，位居全台第一。凱馨不僅是台灣唯一一家從種雞孵化場、契養戶、飼料場、電宰／分切廠到加工廠，一條龍的有色雞專業廠商，也是唯一一家從1994年開始長期外銷日本的冷凍雞肉供應商。

這些成績都相當傲人，「品牌才能決定市場價格，」鄧學凱說，這是凱馨過去努力的成果；而現在他努力的目標，是掌握品種建立IP（Intellectual Property，智慧財產權），將桂丁雞從品種到加工一條龍擴散到海外，打造成雞肉界的「和牛」。目前在緬甸和烏茲別克已經建立基地，「我的目標大概是擴散到十個國家以上，十五條線以上，」這種方式可以克服台灣市場過小的問題，「如果在亞洲各大城市可以複製這個model，把桂丁雞變成亞洲的獨特IP，就可以建立起完整的系統。」

創業四十年，成功由農業轉型「農企業」

在經濟起飛前的台灣，養雞絕對稱不上產業，但家家戶戶都會養個幾隻，是幫家人補充營養或貼補家用的微型生財工具。慢慢開始有人以養雞為業之後，規模也不大，一、兩萬隻的小型養雞場在中南部相當常見，無論是賣雞肉或賣雞蛋，交給定期來收購的合作商販，大約都僅供一家溫飽，至於發展品

牌、精進育種技術這些,距離都相當遙遠。

有色雞更是養雞業當中比較冷門的區塊。在台灣養雞大約分為賣雞肉與賣蛋兩大模式,賣雞肉當中又可分為白肉雞和有色雞兩大項,白肉雞由歐美國際性育種公司育成,含脂率高且肉質鬆軟,養殖時間短即可出售;有色肉雞則包含土雞、仿土雞、烏骨雞、鬥雞和閹雞,換肉率低且養殖時間長,但肉質結實Q彈,也比較符合亞洲人的料理需求以及口感。

凱馨的創業一開始就和其他小型業者有所差異,而至今四十年的經營過程,恰好符合管理學界討論農業轉型為農企業的標準範例:從技術、品牌、供應鏈到經營模式,每個環節都有所改變,因此,凱馨的經營與轉型,也被政大商管中心撰寫為企業研究個案。

凱馨由鄧學凱的父親鄧進得創辦,父親早逝、家境貧寒的鄧進得,由於頂呱呱創辦人史桂丁的培育,得以到日本學習雛雞性別鑑定,成為養雞產業中具有專業技術的「雛雞鑑別師」,在各養雞場翻看雞屁股鑑定小雞性別,每天十四小時的辛勤工作,練就鑑別錯誤率只有千分之五的功力,遠低於業界容許值的2%。

鄧進得的眼光不只在於看出小雞的性別,掌握創業時機也相當精準獨到。

當時白肉雞市場已經有包括大成和卜蜂等大企業財團投

入，鄧進得想要經營養雞場，較冷門的「土雞」是資本額有限之下的唯一選擇。他深入研究過換肉率（又稱料肉比，一公斤飼料可讓雞隻增加的公斤數），決定從「仿土雞」切入，第一年就從原本負債百萬，賺進千萬。

「我們就是從無到有，」鄧進得開始養雞時，鄧學凱國小一年級，他們也正好見到養雞產業從「藍海」變成「紅海」的過程。「我爸說以前1970年代就是一年養三批賺三批，大賺小賺的差別，沒有不賺的，」鄧學凱說，台灣養雞戶的規模大部分在兩萬隻以內，「大概一年可以賺到將近1,000萬，在民國75年以前，差一點也有500多萬。」但是1980到1990年以來就是賺一批賠兩批，養雞開始成為紅海產業。

1991年，財團開始進攻土雞市場，鄧進得預見價格將大幅波動，於是砸下1,200萬元把規模拉大，正式成立電宰廠，跨足下游屠宰和冷凍等供應鏈。而在此之前，凱馨已經蓋了飼料廠，「那時我國小五年級，」鄧學凱回憶，公司的資本額也在十年間，從1,200萬大幅增加到1億7,000萬。

靠技術起家，繼而憑著精準的眼光預見市場變動，凱馨前期營運相當順利，1997年爆發豬口蹄疫事件後，也使得禽類肉品大受歡迎，凱馨獲利頗豐。

1990年代末期，業界傳出政府將配合「關稅暨貿易總協定」（General Agreement on Tariffs and Trade, GATT）通過《衛

生屠宰法》，明文禁止活禽私宰。當同業還在觀望之際，當時是國內唯一土雞專業電宰廠的凱馨認為機不可失，大動作舉債近5億元，於2001年擴廠，從八百坪擴大到六千坪，產能從一天近約八千餘隻擴充到十萬隻，想順勢擴大營業額，還可以發展代工業務。哪知道，禁宰活禽的政策只聞樓梯響，舉債擴廠的沉重壓力，使得凱馨開始進入鄧學凱口中的「黑暗期」，這段時間長達十餘年。

身為家中長子，鄧學凱原本在Nike代工大廠豐泰公司福州廠擔任副總。2003年返鄉接棒時所面對的情況就是這樣。

「在還沒有回公司之前，我認為這行沒前途，也不是很想接，擴廠以後不賺錢，反而沒有選擇，」鄧學凱說，回來之後，很快發現凱馨並非完全沒優勢。包括第一家政府認定的有色雞專業屠宰場，所有的東西都是電宰業界標竿；在很多大型客戶心中的企業形象與信任度很高。就連一般傳統產業最不重視的環保設施，也爭取到農委會5,000萬到6,000萬的補助款，擴充建立完整的事業廢棄物處理廠，解決了畜牧產業的汙染問題。整體盤點，「體質上並不算不好，才覺得應該還有機會做起來。」

「剛回來我什麼都不懂，先到電宰廠待了半年，才知道工廠成立這麼久，竟然根本沒有SOP！」鄧學凱說，當時的主管都是長輩兼股東，很難扭轉他們的觀念。

短期內無法進行內部組織調整，鄧學凱改從外部通路開始。有色雞在過去經常是賣全雞，在家庭拜拜時使用，但他觀察到社會型態轉變，小家庭增多，全雞根本吃不完，於是師法日本，推出小包裝的分切土雞肉。

向日本取經，推出小包裝分切肉打品牌

從電宰轉成分切並沒有想像中容易，因為土雞每隻大小不一，分切需要人工，過去不太有人敢輕易嘗試，「雞肉的成本比全雞高一倍，同業都在等著看我們倒！」鄧學凱不諱言，最慘的時候甚至曾考慮去借高利貸。因為不只有償債的壓力，當時大環境對鄧學凱也極不友善：2003年剛回台先遇到SARS，2004年禽流感緊接而來，養雞業幾乎無一倖免。

「但之後就是機會了，」鄧學凱說，因為冷凍輸出日本符合標準，生意慢慢穩定；而分切土雞肉正好趕上2005年的在地農特產風潮，首先是愛買同意凱馨生鮮雞肉上架，市場反應大好，隔年大潤發等其他量販超市通路也主動找上門。

分切肉成本高，也應該創造出更高價值。當時，超市和量販店的雞肉，都是以保鮮膜封包上架，並沒有打上品牌，曾任職代工鞋廠的鄧學凱，深知「代工賺不贏品牌」的道理，堅持推出印有「凱馨」字樣的包裝，品牌路正式啟動。

對於品牌，鄧學凱想得深也做得多，「我們做品牌，是為

了最後一環跟消費者接觸，」有接觸才能瞭解市場真正的樣貌與變動趨勢；特別是生鮮食物，不只要讓消費者認識，更要得到「信任」。所以，他們沒有花太久時間就發現，信用的來源主要建立在餐廳而不是超市，「超市創造的是營收跟利潤，可是餐廳創造我們的名氣和可信度，」鄧學凱說，這也成為凱馨的品牌策略。

從品牌往品種移動，打造雞肉界「和牛」

不友善的大環境逼出凱馨的第一次轉型，至此，品牌打造已有一定成績，鄧學凱開始從供應鏈思考經營的下一步。

他坦言，有好多年一直抱怨，如果當時不是蓋屠宰場而是蓋飼料廠，可能狀況完全不一樣。但如果從供應鏈來看，「現在我更看到一件事情，大飼料廠在國內也是過度競爭，而且還要承擔雞農投資的風險，」鄧學凱說，雞農是飼料廠的客戶，雞賣不出去，會跟飼料廠賴帳，大飼料廠也拿他沒辦法。電宰廠沒有這樣的風險，反倒建立起凱馨具有彈性的供應鏈，可以放手建立品牌，「哪一個東西跟消費者有接觸，我在那裡建立品牌跟信用，就可以在那裡創造價值。」

2005年是新廠投入後的第一個獲利年。但鄧學凱並不滿足於全通路上架的成功，為回應外銷及國內高階通路的需求，他想趁勢投入雞隻品種的研發，厚植凱馨實力。

　　「我父親在同意之後，由當時擔任協理的弟弟鄧學極領軍，」鄧學凱說，當時投入近千萬元經費，養了六萬隻紅羽母雞，歷經七代育種，以七年時間才培育出台灣第一隻桂丁雞。鄧學凱自豪地說，桂丁雞的特色是皮薄肉細，抗病力、換肉率和產蛋率都高，上市之後不僅在台日兩地受到歡迎，還成功外銷緬甸。

　　桂丁雞定位為高階肉品，與既有的「台灣土雞王」雞胸肉定位中階市場有所區隔；並且依照飼養天數分為C、E、S三級。此外，2020年更推出要價上萬元的SS級帕修斯雞，每一隻雞皆有其專屬的身分徽章與編號，專門提供給高檔餐廳。

整廠輸出、品種落地，布局國際級食材標準

　　而這些品種分級的方式，是鄧學凱多次到日本和法國學習之後的結果。他說，以供給面來講，這五百年來亞洲沒有供給國際級食材的概念，「國際級的食材就是要論出身，這就是品種，」還有各種標準，包括飼養、屠宰跟產品分級都有一致的標準。「像不同級別、國別的料理，講究的是什麼？應該用哪種分級的肉搭配？」葡萄酒和威士忌的分級都有這些講究，這也是凱馨投入品種之後的下一步：持續育種、發展新品牌以及肉品分階。

　　而這些布局都必須開拓國際化市場，才能夠產生影響力。

一開始，鄧學凱看到的是單靠台灣市場，根本無法支付研發費用，要擴大業務規模來支撐研發，往海外發展是唯一選擇。「我去荷蘭就看到一件事情，他們是先滿足自己，接著可以賣給別人，於是就有研發經費，」鄧學凱強調：「最後全世界的設備大部分就來自荷蘭。」

代工製造業的命脈是設備，從荷商艾司摩爾（ASML）掌握全球半導體高階設備的例子可見一斑，而食材的關鍵則在於品種，這是鄧學凱未來十年的目標。

他跟烏茲別克總統一見面，立即獲得總統全力支持，「原因是，我說，我來烏茲別克的目的，是幫他成為整個穆斯林世界唯一可以出口品種的國家。」鄧學凱強調，擴展海外市場不只是賣雞，而是「整廠輸出、品種落地」；接著再導入台灣成功模式，銜接超市、餐廳等通路，推廣桂丁雞品牌，打造亞洲「雞肉界和牛」的品牌。

內部轉型變革，導入豐田式管理

向外跑遍各國攻城掠地，內部的轉型變革也不可少。事實上，直到培育桂丁雞的那七年間，才是凱馨內部真正轉型變革的開始。

為了提高員工的向心力及認同度，鄧學凱和弟弟鄧學極先從獎金制度和標準工時等人事改革做起；接班第五年，在原本

的家族老幹部大換血之後，凱馨的轉型路才有如開turbo（渦輪）般開展。

由於人員換血和品牌行銷同步進行，在產、銷兩方面都需要投入巨大的精力，兩兄弟的一內一外分工漸感侷促，於是2010年學習金融的么妹鄧素佳也回到公司，負責整頓財務。

代工大廠出身的鄧學凱，要求從品種培育、飼料配方到電宰加工，一律標準化作業，2008年導入豐田式生產系統（TPS）及大數據倉儲系統以穩定生產。在建置自動生產排程系統之後，從排程到出貨只需要兩小時。

2016年凱馨由虧轉盈，年營收首度達到近14億元，獲利達7,000萬元。2017年，鄧學凱斥資5,000萬元，打造國際級的密閉式智慧種雞場，從中累積各種專業數據。2018年到緬甸設立種雞場、電宰廠和飼料廠，建立了第一條「整廠輸出」的生產基地。

2019年凱馨年營收再次突破，達到15億元的歷史新高。

2020年鄧學凱投資千萬元，建置以豐田生產方式為核心的ERP系統，打通六大價值鏈，精準記錄串接包括育種、孵化、飼料配方、飼養、屠宰倉儲與加工的所有數據，並可隨時掌握各種資訊與訂單進度，雞肉報廢率從14%下降到1%以下，大幅降低後勤資源投入50%以上。

第二次轉型，瞄準全球打造永續

凱馨的第二次轉型仍是現在進行式，但跟第一次「被迫」轉型顯著不同：從在地農企業走到亞洲，從傳統產業轉為數據驅動企業，這兩大步不是為了「求活」，而是為了永續。

「我瞄準的是，在我看得到的時間，這一條龍的布局會遠遠超過土雞，成為蛋白質的營運，」接班近二十年，還不到五十歲的鄧學凱認為，桂丁雞的成功只是起步，希望接下來能夠做到像葡萄酒的法定產區制度（AOC），甚至建構出台灣法定產區（TAOC）。而且，這樣的模式不限於雞，台灣魚和台灣豬都可以循這樣的模式發展，從在地出發進軍全球市場。

但是，台灣產業可以做到這點嗎？有能量、有機會嗎？鄧學凱很肯定，台灣的成功例子可以讓所有亞洲國家參考，「只要經濟開始起飛，社會專業分工之後，這個需求就會一下子爆發出來！」

過去台灣市場有土雞的需求，但無法成為產業，因為每家自行養雞。一旦生活模式轉變，需求就會轉換，產業自然成形，「這就是為什麼我們去緬甸的道理。」鄧學凱看到的是，東協或中亞國家不像台灣原本有深厚的農牧業基礎，發展時日尚淺。身為技術與品種先行者，台灣很適合協助東協國家發展，「若能成功建立這個模式，台灣企業就可以順利進軍整個亞洲。」

　　「這是最大的挑戰，但也是最大的機會點，」鄧學凱說，不只凱馨，對於台灣農企業而言，更是如此。（文／溫怡玲）

創生觀點 ·····································總主筆／黃日燦

1. 凱馨是由台灣早年的王牌「雛雞鑑別師」鄧進得所創立，四十餘年前切入當時規模較小但競爭也較少的土雞養殖利基市場，繼而跨入下游屠宰和冷凍等供應鏈，成為當時國內唯一的土雞專業電宰廠。後因誤判政府「禁止活禽私宰」政策即將實施，凱馨大動作舉債擴廠，打算發展預期看好的代工業務，結果是套牢十幾年的沉重財務壓力。這個第一階段的凱馨，可說是典型以生產及代工為導向的台灣中小企業。

2. 凱馨第二代長子鄧學凱於2003年返鄉接棒後，開始針對快速成長的小家庭需求，推出小包裝的分切土雞肉，搭上冷凍外銷日本和進入國內量販超市通路上架銷售的列車。同時，鄧學凱深記「代工賺不贏品牌」的道理，堅持使用印有「凱馨」字樣的包裝，開始啟動了品牌之路。其後，凱馨更推出「桂丁雞」新品牌，搭配育種成功的新品種土雞，以高階肉品定位打入各種零售通路。這個第二階段的凱馨，從單純賣土雞產品轉變為塑造品牌名氣和可信度，跨出漂亮的轉型升級一大步。

3. 建立品牌的同時，凱馨也毅然進軍「品種」研發，歷經七代育種，七年有成，打造出台灣第一隻桂丁雞新品種，廣受市場歡迎，號稱是雞肉界的「和牛」。而且，凱馨並不

因此自滿，還想學習法國葡萄酒的法定產區制度，建構台灣法定產區，不只適用於台灣雞，甚至可擴大適用到台灣魚、台灣豬等其他農漁產品，從在地推廣到全球。所謂「訂標準者勝」，凱馨強烈的企圖心可見一斑。

4. 在深耕品種研發的過程中，凱馨也清楚認識到公司內部根深柢固的各種問題，從生產缺乏標準化、人資需要更新、人才需要換血，到營運需要數位化等。凱馨毫不諱疾忌醫，反而全力推動體制改革，從傳統企業轉骨成現代數據驅動企業。也因為體制變革成功，凱馨又開發出「整廠輸出、品種落地」的新商機，首先在緬甸建立了從種雞場到電宰廠和飼料廠的一條龍生產基地，未來可望進軍到東協及中亞等其他國家。

5. 凱馨從養雞賣雞起家，但卻不以此自限，逐步轉型升級，從品牌行銷、品種研發，到「整廠輸出、品種落地」，個中酸甜苦辣，相信點滴在心頭。凱馨脫胎換骨的經驗，印證了「心到哪裡，事業就可以做到哪裡」的基本道理，值得大家肯定並借鏡參考。

後記
踏上轉型路，讓我們一起開拓未來

黃日燦

讀到這裡，恭喜你和二十家企業一起走過了轉型之旅。

企業的經營如同人的成長，路途中必定會經歷許多挑戰，挫折有之，成就亦然。轉型固然是一條艱辛的道路，但是讀了本書的個案，相信能讓大家感受到——在轉型的路上我們都不孤單。

本書的個案具體展現了以下五種轉型策略：

- 另闢蹊徑以帶領企業逆境突圍；
- 為客戶創造新價值以改變彼此關係；
- 重整資源以擴大產業生態圈；
- 創造新規則以改寫產業既有定義；
- 結合內外部創新來改變商業模式。

無論你所屬的企業規模為何，無論你在企業中的角色是決策者、經營者，或最前線的工作者，期待本書能成為啟動你思維改變的起點，讓我們在面對未來種種挑戰時，都能借鏡彼

此，創造共利多贏，開創持續成長的契機，讓改變落地生根。

　　期待台灣企業的轉型蛻變，能夠帶動我們未來的產業發展生生不息！

國家圖書館出版品預行編目 (CIP) 資料

企業創生・台灣走新路：企業五大轉型突圍心法，打造
新護國群山 / 台灣產業創生平台 黃日燦著 . -- 初版 . --
臺北市：商周出版：英屬蓋曼群島商家庭傳媒股份有限
公司城邦分公司發行 , 2021.12
　　面；　公分 . -- (新商業周刊叢書；BW0788)
ISBN 978-626-318-033-8(平裝)

1. 企業管理 2. 企業經營 3. 組織再造

494　　　　　　　　　　　　　　　110016908

線上讀者回函卡

BW0788

企業創生・台灣走新路
企業五大轉型突圍心法，打造新護國群山

總　　主　　筆／黃日燦
專 案 統 籌／江逸之
專 案 策 劃／溫怡玲
專 案 執 行／李妍潔
共 同 執 筆／江逸之、溫怡玲、沈勤譽、李妍潔
企 業 訪 談／黃日燦、楊啟航、江逸之、羅儀修、陳羿安、楊為植
責 任 編 輯／鄭凱達
版　　　　權／吳亭儀
行 銷 業 務／周佑潔、林秀津、黃崇華、賴正祐

總　編　輯／陳美靜
總　經　理／彭之琬
事業群總經理／黃淑貞
發　行　人／何飛鵬
法 律 顧 問／台英國際商務法律事務所　羅明通律師
出　　　版／商周出版
　　　　　　臺北市 104 民生東路二段 141 號 9 樓
　　　　　　電話：(02)2500-7008　傳真：(02)2500-7759
　　　　　　E-mail: bwp.service@cite.com.tw
發　　　行／英屬蓋曼群島商家庭傳媒股份有限公司　城邦分公司
　　　　　　臺北市 104 民生東路二段 141 號 2 樓
　　　　　　讀者服務專線：0800-020-299　24 小時傳真服務：(02) 2517-0999
　　　　　　讀者服務信箱 E-mail: cs@cite.com.tw
　　　　　　劃撥帳號：19833503　戶名：英屬蓋曼群島商家庭傳媒股份有限公司城邦分公司
訂 購 服 務／書虫股份有限公司客服專線：(02)2500-7718；2500-7719
　　　　　　服務時間：週一至週五上午 09:30-12:00；下午 13:30-17:00
　　　　　　24 小時傳真專線：(02)2500-1990；2500-1991
　　　　　　劃撥帳號：19863813　戶名：書虫股份有限公司
香港發行所／城邦（香港）出版集團有限公司
　　　　　　香港九龍九龍城土瓜灣道 86 號順聯工業大廈 6 樓 A 室
　　　　　　E-mail: hkcite@biznetvigator.com
　　　　　　電話：(852)25086231　傳真：(852)25789337
　　　　　　E-mail: hkcite@biznetvigator.com
馬新發行所／Cite (M) Sdn. Bhd.
　　　　　　41, Jalan Radin Anum, Bandar Baru Sri Petaling, 57000 Kuala Lumpur, Malaysia.
　　　　　　電話：(603) 9057-8822　傳真：(603) 9057-6622　E-mail: cite@cite.com.my

封 面 設 計／萬勝安
美 術 編 輯／簡至成
印　　　刷／韋懋實業有限公司
經　銷　商／聯合發行股份有限公司　電話：(02) 2917-8022　傳真：(02) 2911-0053
　　　　　　地址：新北市 231 新店區寶橋路 235 巷 6 弄 6 號 2 樓

2021 年 12 月 2 日初版 1 刷　　　　　　　　　　　　Printed in Taiwan
2024 年 2 月 16 日初版 3.7 刷

定價 400 元
ISBN: 978-626-318-033-8（紙本）

ISBN: 978-626-318-034-5（EPUB）

城邦讀書花園
www.cite.com.tw